JN288200

電気・電子工学
テキストシリーズ 4

シミュレーション工学

高橋勝彦　伊呂原 隆
関　庸一　平川保博　著
森川克己

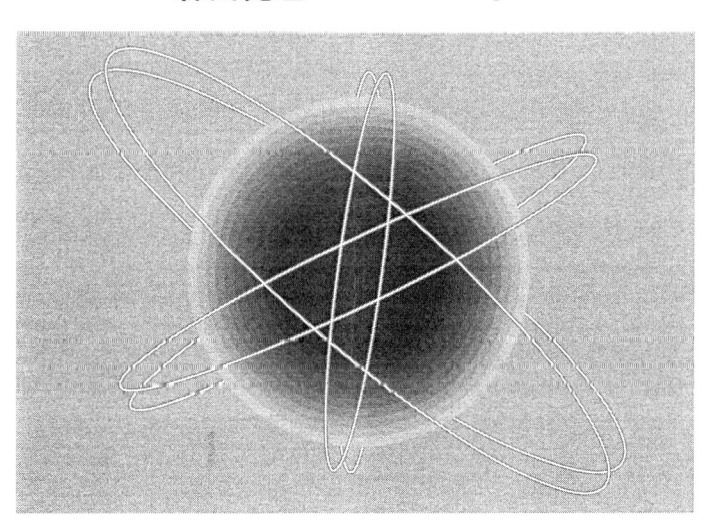

朝倉書店

は　し　が　き

　現在，シミュレーションはいろいろな分野でいろいろな目的に利用されており，本書のタイトルである『シミュレーション工学』は，電気・電子工学に限らず，工学分野で広く求められている．

　シミュレーションとは，まねることである．調べる対象をまねたモデルを作成し，そのモデルを使って対象をまねた様子を調べ，得られた結果を評価や最適化に利用する．

　本書では，まず第1章でシミュレーションのモデル作成について述べる．シミュレーションやモデルの定義や分類について述べた後，ダイナミックなシミュレーションがタイムスライスシミュレーションとイベントシミュレーションに分けられることについて述べる．さらには確率的な要素を含むシミュレーション，乱数の発生法と乱数を利用したモンテカルロシミュレーションについて述べる．

　第2章では，タイムスライスシミュレーションについて述べる．微分方程式で表された対象を差分方程式でまねる差分法について述べた後，複雑でダイナミックな対象に対するシステムダイナミックス，また定期的に管理する在庫シミュレーションについて述べる．

　第3章では，イベントシミュレーションについて述べる．基礎として待ち行列モデルについて述べた後，イベントごとに管理する在庫シミュレーション，生産システムシミュレーションについて述べる．

　第4章では，シミュレーションにより得られた結果を評価する手法と，それらをもとに最適化する手法，さらには組合せ最適化問題とランダム探索について述べる．

　本書では，シミュレーションに関する考え方や手法の基礎的事項を中心に，できる限り図や表を使用し，Excelシートなどを使った例題を取り入れるように努めると同時に，章（節）末には演習問題も付した．いずれも解答，あるいはヒントをつけているので，ぜひとも実際に取り組むことで，シミュレーションを体験してもらいたい．また，本書を執筆するにあたり参考にさせていただいた著書や論文も各章（節）末に挙げさせていただいた．諸先生方には敬意と謝意を表したいと同時に，さらに専門的に深く勉強することを希望する人には参考にしていただきたい．

　最後に，本書出版の機会を与えていただき，刊行にあたり一方ならぬご尽力をいただいた朝倉書店編集部に心から感謝申し上げる．

　2007年8月

著者一同

目　　次

第1章　シミュレーションモデルの作成 ……………………………………………… *1*

1.1　シミュレーションモデルの構築 ……………………………………………1
- 1.1.1　シミュレーションとは ……………………………………1
- 1.1.2　モデルとは ……………………………………2
- 1.1.3　モデルの分類 ……………………………………2
- 1.1.4　モデルの記述 ……………………………………3
- 1.1.5　モデルの解法 ……………………………………4

1.2　ダイナミックなモデルのシミュレーション ……………………………………6
- 1.2.1　シミュレーションでの時間表現の原理 ……………………………………6
- 1.2.2　時間表現の実現 ……………………………………8
- 1.2.3　評価結果の集計法 ……………………………………10

1.3　確率的な要素を含むモデルのシミュレーション ……………………………11
- 1.3.1　乱数と疑似乱数 ……………………………………11
- 1.3.2　一様乱数の生成法 ……………………………………13
- 1.3.3　周期と鬚 ……………………………………13
- 1.3.4　各種分布に従う乱数の作成 ……………………………………14
- 1.3.5　代表的分布の乱数の生成方法 ……………………………………18

1.4　数値積分とモンテカルロシミュレーション ……………………………23
- 1.4.1　数値積分としてのシミュレーション ……………………………23
- 1.4.2　乱数による数値積分法 ……………………………………23
- 1.4.3　πの推定 ……………………………………25

第2章　タイムスライスシミュレーション ……………………………………… *29*

2.1　常微分方程式の初期値問題と差分法 ……………………………………29
- 2.1.1　連続系のシミュレーション ……………………………………29
- 2.1.2　（1階）常微分方程式の初期値問題 ……………………………30
- 2.1.3　差分法（オイラー法）による近似解法 ……………………………31
- 2.1.4　近似解法の幾何学的意味 ……………………………………33

　　　　　　　　2.1.5　導関数の近似法とその近似度（精度） ……………………34
2.2　常微分方程式のいろいろな問題とその数値解法 …………………………38
　　　　2.2.1　連立1階常微分方程式の初期値問題 ……………………………38
　　　　2.2.2　高階常微分方程式の初期値問題 …………………………………38
　　　　2.2.3　常微分方程式の境界値問題 ………………………………………43
2.3　偏微分方程式とその数値解法 ………………………………………………48
　　　　2.3.1　偏微分方程式の問題とその解法 …………………………………48
　　　　2.3.2　偏微分方程式に対する数値計算：差分法による解法 …………48
　　　　2.3.3　陽（的）解法（explicit method）……………………………50
　　　　2.3.4　陰（的）解法（implicit method）……………………………52
　　　　2.3.5　連立方程式の反復解法（Gauss-Seidel法）の応用 …………55
2.4　システムダイナミックス ……………………………………………………60
　　　　2.4.1　レベルとレート ……………………………………………………60
　　　　2.4.2　因果ループ図 ………………………………………………………61
　　　　2.4.3　正のループと負のループ …………………………………………62
　　　　2.4.4　問題例 ………………………………………………………………63
　　　　2.4.5　方程式の作成 ………………………………………………………64
　　　　2.4.6　シミュレーションの実行 …………………………………………65
　　　　2.4.7　遅　れ ………………………………………………………………66
2.5　在庫シミュレーション（タイムスライスモデル）………………………70
　　　　2.5.1　自己回帰型時系列データの生成 …………………………………71
　　　　2.5.2　発注システムシミュレーション …………………………………72

第3章　イベントシミュレーション …………………………………79

3.1　イベントシミュレーションの基礎 …………………………………………79
　　　　3.1.1　待ち行列モデル ……………………………………………………79
　　　　3.1.2　待ち行列理論 ………………………………………………………82
　　　　3.1.3　なぜシミュレーションが必要か？ ………………………………84
3.2　在庫シミュレーション（イベントモデル）………………………………86
　　　　3.2.1　ポアソン到着 ………………………………………………………87
　　　　3.2.2　発注システムシミュレーション …………………………………88
　　　　3.2.3　2段階サプライチェーン(SC)の最適化シミュレーション …91
3.3　生産システムシミュレーション ……………………………………………96
　　　　3.3.1　待ち行列システムと生産システムの同値性 ……………………96
　　　　3.3.2　かんばん制御による生産システムのシミュレーション ………97
　　　　3.3.3　共有保管政策と占有保管政策のシミュレーション ……………99

第4章 シミュレーション結果の評価と最適化 ……………………………………104

4.1 シミュレーション結果の評価 …………………………………………104
- 4.1.1 シミュレーション結果の評価 ………………………………104
- 4.1.2 条件停止と定常状態のシミュレーション ………………………111

4.2 シミュレーションによる最適化手法 …………………………………113
- 4.2.1 応答曲面による最適化 …………………………………………114
- 4.2.2 メタヒューリスティクスによる最適化 ………………………120

4.3 組合せ最適化問題とランダム探索の適用例 ……………………………122
- 4.3.1 巡回セールスマン問題と組合せ最適化 ………………………122
- 4.3.2 ランダム探索 ……………………………………………………123
- 4.3.3 簡単な巡回セールスマン問題へのランダム探索の適用 …123
- 4.3.4 巡回セールスマン問題における最短経路の探索 …………126

4.4 シミュレーションによる最適化の応用例 ………………………………128
- 4.4.1 はじめに ……………………………………………………………129
- 4.4.2 問題設定 ……………………………………………………………129
- 4.4.3 解　法 ………………………………………………………………130
- 4.4.4 シミュレーションモデル ………………………………………132
- 4.4.5 数値例 ………………………………………………………………133

索　引 ……………………………………………………………………………137

Excel は米国 Microsoft 社の米国および世界各地における登録商標です。その他，本文中に現れる社名・製品名はそれぞれの会社の商標または登録商標です。本文中にはTMや®マークは特に明記していません。

第1章　シミュレーションモデルの作成

1.1　シミュレーションモデルの構築

シミュレーションは対象についてのモデルを作ることから始まる．本節では，シミュレーションとモデルについて，整理する視点を与える．

1.1.1　シミュレーションとは

シミュレーション (simulation)[1] とは問題分析方法のひとつであり，本物の一部をまねることにより，実験してみることである．その実現形式で考えれば，以下の分類ができる．

物理的な実現： 本物に対し，形や基本機能をまねて，大きさなどは実現しやすい形で省略して実現したもの．たとえば，プラモデル，建物模型（形をまねる，大きさは小さく），風洞／水槽実験（形をまね，周りの流れを見る），試験設備など．

抽象的な実現： 本物に対し，その機能のみを紙や計算機の上で実現したもの．実現するには，対象とするモノゴトを記号や数量で表し，それらの変化や数理的な関係を手順やプログラムとして表現する．本書の対象．

人間が体験するためのシミュレーション： 訓練や娯楽のために仮想的な現実を再現するシミュレーション．ドライブシミュレータやフライトシミュレータなど操縦装置を備え，操縦者が操作するとその結果を仮想現実感として返してくれるシミュレータや，ボードやコマ，カードなどを用いる軍事の机上演習，アドベンチャゲーム，マネジメントゲームなどのシミュレーションゲームなどがある．

また，シミュレーションが用いられる場面としては以下のような場合がある．

- 危険な事故の再現や未来のことなど，実世界での試行が不可能な場合や，本当に実現するにはコストが高く，事前に試してみたい場合．
- 流体のように，解析的モデルが複雑すぎて解けない場合．
- 会社の活動のように，解析的モデルが複雑すぎて作れない場合について，いろいろな可能性を検討してみたい場合．

以下では，計算機上で数理的なモデルを実現する方法について限定して考えていく．

---
[1] 趣味（シュミ）レーションではない．

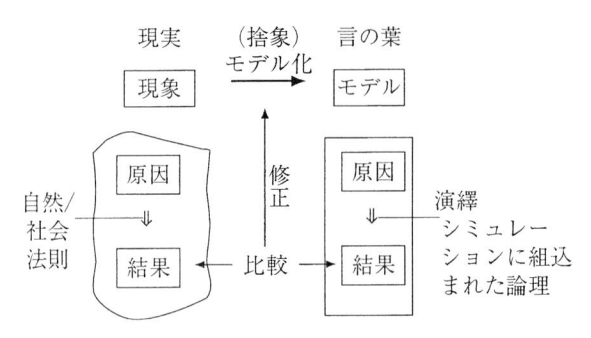

図 1.1 モデル化（model building）

1.1.2 モデルとは

モデルとは現象から

- 関心対象（element：集合，変数）と
- 関心対象間の関連（relation：関係）を

抽出して表現したものといえる．表現を行う目的としては，**現実の状態を記述して，どうなるか？** という点におもな興味がある場合と，**現実の状態を制御すること，つまり，どうするか？** という点におもな興味がある場合がある．

このモデルを作るには図1.1のような手順を踏む．現実の関心対象外の要素を捨象することでモデルとして表現し，そのうえで，稼働結果を見て期待する機能があったかを検討し，問題があったら表現を修正するという作業を繰り返すこととなる．

モデルを計算機上で表現したものがシミュレーションプログラムとなる．計算機上にこのようにモデルを実現することにより，計算機を考えるための道具とすることができる．たとえば，物理学の分野では，計算物理学として，モンテカルロ法を含むシミュレーションなどを用いて計算機上で研究を進める方法論が用いられるし，経済学など文化系の分野でもいろいろなモデリングとシミュレーションの活用が進められている．

1.1.3 モデルの分類

モデルの見方として，時間の取り扱い方，不確かさの含まれ方に注目すると以下のような分類が可能となる．

時　間：　状態が時間の関数かどうか？

静的（static）モデル　　時間的変化を考えない定常的モデル．状態を表す変数は時間の関数でなく，変数に時間の添字は不要．たとえば，直流回路のオームの法則：[電圧]＝[電流]×[抵抗] など．

動的（dynamic）モデル　　状態が時間の関数として書かれるモデル．たとえば，物理法則ならニュートンの運動法則：[力]＝[質量]×d^2[位置]$(t)/dt^2$ など．

図 1.2　確定的モデル　　　　　図 1.3　確率的モデル

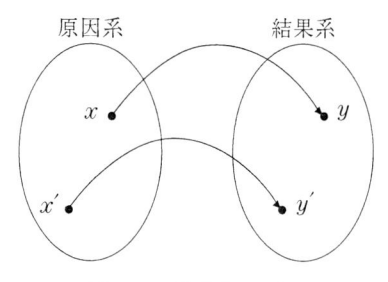

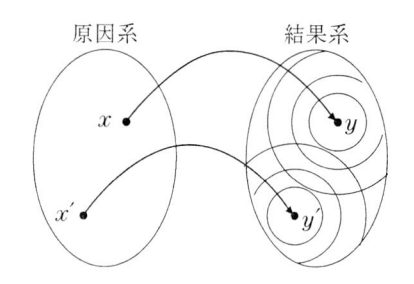

不確かさ： 状態の変化が確定的か？

確定的 (deterministic) モデル 結果が原因の関数となるモデル．ランダムな要素を含まず，原因 x を確定すると，結果 y も確定する（図 1.2）．

確率的 (stochastic) モデル 結果系が原因系を条件とした確率分布として表現されるモデル．原因 x を確定すると，それにランダムな要素が合わさって，結果 y も決まる．つまり，原因 x を知るだけでは，結果 y がどのあたりになるかの確からしさしかわからない（図 1.3）．

不確かさに関しては，シミュレーションゲームにおいて競合する意志が介入して結果を左右する場合のように，最初に自分が設定した原因系に対し，結果系のようすに確率分布も考えられないような不確定的 (uncertain) な場合もあるが，本書では扱わない．

1.1.4　モデルの記述

数理的なモデルを記述するには，まず，システムの内外の境界をはっきりさせたうえ，その間の関係を表現するための各種の量を変数として扱うことになる．これら変数をそのモデルの中での機能から分類すると以下のようになる．

- 外生変数［原因系］
  条件変数…システムに与えられる環境/前提条件
  制御変数…システムを統制するため変更できる要因（状態記述モデルの場合存在しないこともある）
- 内生変数［結果系］
  目的変数…制御する目標となる評価基準（条件変数と制御変数の関数なので，評価関数とも呼ばれる）
  状態変数…システムの内部状態

これら 4 つの変数の関係を図 1.4 に示す．

動的確率的モデルの例として，次のような，計算機演習室へのプリンター増設の問題を取り上げてみて，変数の分類例を考えてみよう．

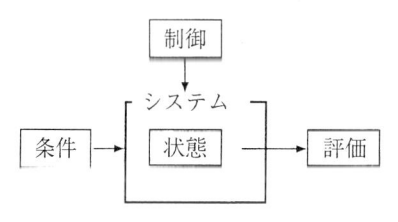

図 1.4　システムと変数

ある学科の計算機演習室では60台の端末があるが，プリンターが1台しかない．通常の使用状態では問題ないのだが，端末が全部使われ，課題を最後にプリントアウトして提出する演習では，演習時間の終り頃にプリンターに出力するのに数分間も待たされて，学生から苦情がでている．プリンターを増設しようと思うが何台増設すればよいか．ただし，できるだけ購入費用を抑えたい．

この問題を考えるには，学生が出力する頻度をどの程度と見積もるかを想定しないといけない．たとえば，最後の頃には1人の学生が，平均5分に1回出力し，1つのプリントアウトには，平均20秒の出力時間がかかるとしよう．以上の条件でモデル化した場合，以下のように変数が整理されることとなる．

表1.1 プリンター増設問題の変数

条件変数	端末使用数60台，平均出力間隔5分，平均出力時間20秒
制御変数	プリンターの増設数
目的変数	学生の平均待ち時間，プリンターの購入費用
状態変数	プリンターの刻々の使用状況

このように変数を設定し，出力要求をランダムに発生させて，プリンターの稼働状況をシミュレーションをすることで，学生の待ち時間を求めることができる．まずは，プリンター増設数を0とした場合と現状を比較して，平均出力間隔などの設定値が妥当かを検討し，場合によれば修正する必要があるだろう．そのうえで，プリンター増設数を1台，2台と設定して，増設数ごとに学生の待ち時間を評価したうえで，平均待ち時間がどの程度なら我慢できるかという学生の要求と，予算とに相談して，何台購入するか決めることになる．

1.1.5 モデルの解法

以上の数理的モデルを解く（動かす）方法は大別して以下の3通りとなる．
①数式解析：たとえば，方程式を解いて解の公式を作る．
②数値解析：たとえば，台形公式で数値積分して答えの数値を求める．
③数値実験：たとえば，シミュレーションをして答えの数値の例を求める．

本書で取り上げるのはおもに数値実験となるが，この場合，モデルさえ記述できれば，

- ランダムな要因を含む
- 関連要因が多い（多次元，多変数の問題）

といった理論解が得難い条件下でも，とにかく結果を得られるという利点がある．しかし，次のような欠点がある．

- 得られる結果は厳密解の統計的推定値でしかない．精度を向上させようとすると計算量が増える．
- 得られる結果は特定の設定条件の下での結果であり，一般的な結論を導き出

しにくい．
前者の計算量と精度の関係については，1.4節で取り上げる．後者については，統計的な評価の方法などについて，いくつかのアプローチがあり，4.1節で取り上げる．

例題 1.1.1 自分の関心のある問題で，数量で表現できそうな問題を選んでモデル化を行ってみよ．
 (1) どんな変量がその問題に関連しているか．そのうち調査／観測できる量は何か．
 (2) 変量間の関係はどう定式化できるか．すべての変量は観測変量と関連付けができるか．
 (3) そのモデルは記述のためのモデルか，それとも制御のためのモデルか．また，そのモデルを1.1.3項の分類で分類してみよ．
 (4) 変量を1.1.4項の分類で分類してみよ．
 (5) 条件変数に妥当な具体的な値を設定してモデルを動かしてみて，論理的に矛盾なく動くかどうか確かめてみよ．

特に問題を思いつかない場合には，仮想的な自治体の総人口の推移を合計特殊出生率（女性一人が一生の間（15才～49才）に生む子供の数）との関係から予測するモデルを作ってみよ．

解 解答例として，自治体の人口推移について，5才間隔で人口を区切って5年間隔で総人口を予測するモデルを考えてみる．なお，以下のモデルでは，出生について，合計特殊出生率しか利用していないが，もし興味があったら，年齢階層ごとの出生率がわかる場合にモデルを拡張してみよ．

 (1) 自治体の公開している情報などを検索すると各種の人口統計情報が得られる．これを用いて，モデル化を試みる．変数としては，以下を用いることとする．
   (a) x_{it}：5才間隔でi番目の年齢階層（$(5i)$才～$(5i+4)$才）の，第t期の人口 $(i=0,1,\cdots,17)$．x_{18t}：90才以上の年齢階層の，第t期の人口．以上のうち$t=1$の場合x_{i1}を，調査した既知の最新人口とする．
   (b) x_t：第t期の総人口．
   (c) b：合計特殊出生率．
   (d) d_i：5才間隔でi番目の年齢階層の死亡率．
 (2) 変量間の関係として，簡単のため，次の仮定をおいて定式化する．
   (a) 当該自治体外との転入転出はないものとする．
   (b) 5才間隔でi番目の年齢階層は，5年経つと$5 \times d_i$の割合で亡くなる．
   (c) 15才～49才のちょうど半分は女性で，この7階層にいる各女性は，5年間に$b/7$人の子供を生み，7階層をすべて終える49才になったときに合計でb人の子供を生むとする．

   この場合，以下の関係式が導かれる．

   $x_{0t} = b \times (\sum_{i=3}^{10} x_{it-1}/2)/7$　（出生に関する関係）

   $x_{it} = (1-5 \times d_i) \times x_{i-1\,t-1}$ $(i=1,2,\cdots,17)$　（5年で次の年齢階層へ移行）

   $x_{18t} = (1-5 \times d_{17}) \times x_{17\,t-1} + (1-5 \times d_{18}) \times x_{18\,t-1}$　（最高齢階層は留まる）

   $x_t = \sum_i x_{i-1\,t}$　（総人口）

 (3) このモデルは，もし，合計特殊出生率を制御できると考えれば，制御のためのモデルとなる．合計特殊出生率が自然に決まり制御できないと考えれば，記述のためのモデルとなる．上の定式化ではダイナミックであるが，ランダムな要素を含まないので，

確定的なモデルとなる．

(4) 変数を分類すると以下となる．条件変数：x_{i1}, d_i $(i=0,\cdots,18)$，制御変数：b，目的変数：x_t $(t=2,\cdots)$，状態変数：x_{it} $(i=1,\cdots,18, t=2,3,\cdots)$．

(5) Excelで上の関係式を実現したものを示す．具体的な人口値は平成16年度の前橋市の人口である．なお，死亡率は平成13年の統計を丸めて利用している．

	階層	才	才	年間死亡数(10万人当り)	2004	2009	2014	2019	2024	2029	2034	2039	2044
6	0	0〜	4	84	14777	14785	14285			12094	11429	10914	10457
7	1	5〜	9	10	15183	14715	14724			13035	12043	11381	10869
8	2	10〜	14	10	15682	15175	14708	14716	14221	13731	13029	12037	11376
9	3	15〜	19	30	17464	15674	15168	14700	14708	14214	13724	13022	12031
10	4	20〜	24	45	18698	17438	15651	15145	14678	14686	14192	13703	13002
11	5	25〜	29	50	20596	18656	17399	15615	15111	14645	14653	14160	13673
12	6	30〜	34	60	24242	20545	18609	17355	15576	15073	14609	14617	14125
13	7	35〜	39	90	21303	24169	20483	18553	17303	15530	15028	14565	14573
14	8	40〜	44	130	19601	21207	24061	20391	18470	17225	15460	14960	14499
15	9	45〜	49	200	20035	19474	21069	23904	20258	18350	17113	15359	14863
16	10	50〜	54	350	23290	19835	19279	20859	23665	20056	18166	16942	15206
17	11	55〜	59	525	24587	22882	19488	18941	20494	23251	19705	17849	16646
18	12	60〜	64	750	21675	23942	22282	18976	18444	19956	22641	19187	17380
19	13	65〜	69	1200	17726	20862	23044	21446	18264	17753	19207	21792	18468
20	14	70〜	74	2000	16940	16662	19610	21661	20159	17169	16687	18055	20484
21	15	75〜	79	3000	13579	15246	14998	17640	19405	19142	15452	15019	16249
22	16	80〜	84	5400	8479	11542	12958					13134	12766
23	17	85〜	89	9500	4539	6190	8436		9305	10951	12097	11258	9588
24	18	90〜		17000	2618	2776	3666	4973	5713	5742	6611	7342	7012
25					321014	321775	319907	315117	307695	298174	287268	275298	263266

セル内注記：
- 1.25 =合計特殊出生率
- 年齢階層ごとの死亡率
- 年齢階層ごとの人口値
- =SUM(G9:G15)/2*$H$3/7
- =(1-$E6*5/100000)*G6 以下H23までコピー
- =(1-$E$23*5/100000)*G23+(1-$E$24*5/100000)*G24
- =SUM(H6:H24)
- 行を右にコピー

図1.5 人口推移シミュレーション（Excelを用いた例）

1.2 ダイナミックなモデルのシミュレーション

シミュレーションで表現しようとする現象が時間的な推移を問題とするダイナミックな現象である場合，時間的推移を計算機内の手続きにどのように表すかについて検討しなくてはならない．本節では，その方法について述べる．

1.2.1 シミュレーションでの時間表現の原理

今，システムの状態変化を状態変数 $x(t)$（ベクトル量でもよい）で捉えることにしよう．初期時刻 t_s における初期状態 $x(t_s)$ が与えられ，時刻 t_e までにどのように状態が推移していくかを知りたいとする．関心を持っている状態と時間の両者が連続的な量であるか，それとも，離散的な量であるかによって，表1.2の [A]〜[D] の4つの場合が考えられる．しかし，計算機での仕事の進め方は，1ステップずつ行われるので，連続的な時間の推移を連続的には表現できず，何らかの時点の状態を飛び飛びに求めていくしかない．そこで，以下のよ

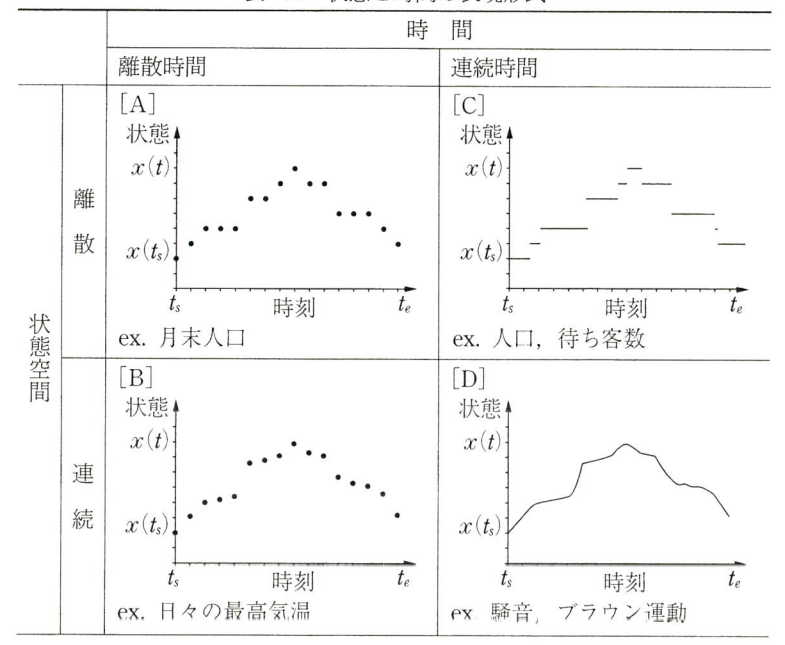

表 1.2 状態と時間の表現形式

	離散時間	連続時間
離散	[A] ex. 月末人口	[C] ex. 人口, 待ち客数
連続	[B] ex. 日々の最高気温	[D] ex. 騒音, ブラウン運動

な2つの時間表現方法がある．

● a．**タイムスライスシミュレーション**　表 1.2 の [B] の場合のように，時刻の流れを飛び飛びにみて，それぞれの時刻の間のシステムのようすについては，関心を持たなくて済む場合を考えてみる．**タイムスライスシミュレーション**は，このような場合に利用できるシミュレーション法であり，時間を離散化して，次の指定時刻での状態を求めては，その指定時刻まで時刻を進めていく方法である．事前に指定した離散時点での状態を把握することになる．通常，一定間隔で時間を区切る．

指定された時刻間に何も起こらなくても状態を調べることは行われるし，たくさんのことが起こったとしても，それらは同時に起こったものとしてまとめて処理していく．映画が毎秒 30 コマ程度のフィルムを次々見せることで連続的な画面の変化を近似するように，短い時間間隔で状態変化を追いかけることで連続的な時間を近似することもできるので，**連続型シミュレーション**とも呼ばれることがある．また，時刻の増分が事前に固定されているので**固定時間増加法**とも呼ばれる．

表 1.2 の [A]，[B] の場合なら，近似なく用い得る．また，[D] の場合にも上の映画の比喩での近似の考え方に基づいて用いられる．代表的な適用場面として次の例がある．

現象変化を把握する必要が一定間隔で発生する現象：　たとえば，毎日一定の時刻に，今度の発注量をいくらにするかを考える定期発注の在庫シミュレーショ

ンモデル（2.5節参照）のように，一定周期で状態の制御についての意志決定が必要とされる場合．（例：コンビニのお弁当の発注）

現象変化が連続的に進行する現象： 時間に関する微分方程式で記述される現象（2.1節〜2.3節参照）のようにシステムの今後の挙動が現在の状態にのみ依存するモデルの場合．物理現象では拡散，放射性元素の崩壊，など．

● b．**イベントシミュレーション** 表1.2の［C］の場合のように，状態が離散的な値のみをとる場合を考えると，状態の変化が起きる時刻は，連続な時間の流れのなかで飛び飛びに表れることになる．これらの変化時刻でのシステムの変化を把握していくことを考える．

イベントシミュレーションは，このような原理を実現するシミュレーション法であり，状態を離散的に捉え，次の状態変化（イベント）が生起した時点での状態を求めては，その時刻まで時刻を進めることを繰り返す方法である．状態変化が生起した時点でのみ状態を把握することになる．

スライドのように何かの変化ごとに1枚ずつコマが進むことになり，状態とその変化時刻を離散的に捉えるので，**離散型シミュレーション**とも呼ばれる．また，状態変化が生起する時点の間隔は，シミュレーションの進行状況に伴い，いろいろ変わり得るので，**可変時間増加法**とも呼ぶ．

表1.2の［A］，［C］の場合なら，近似なく用い得る．たとえば，銀行のATMの前に何人の顧客が待っているかを，時刻とともに追いかけてみる場合を考えてみる．この場合，新たな顧客の到着や，ATMでのサービスの開始と終了など，待っている顧客の人数が変化する時点のみが重要で，変化のないときは，それ以前の状態が継続するだけなので，変化の起きる時点のみに注意を払うイベントシミュレーションでの実現が適切となる．これをタイムスライスシミュレーションで実現しようとすると，変化の起きる時刻を離散化した時刻のいずれかであるとして表現するしかなくなってしまう．

● **1.2.2 時間表現の実現** ●

表現対象となるシステムは状態変数 $x(t)$ で記述され，このシステムの時刻 $t: t_s \to t_e$ をシミュレーションしたいとき，それぞれ，次のようにプログラム化すればよい．

● a．**タイムスライスシミュレーションの実現** 固定した時間増分を Δ として図1.6が基本アルゴリズムとなる．状態変数 x の時間 Δ の間の変化の計算（4

```
1  xの初期化；
2  t:=t_s；
3  t<t_eである限り，以下を行う
4    [t,t+Δ]に生起するものごとでxを更新；
5    t:=t+Δ；
```

図1.6 タイムスライスシミュレーションの実現

行目）がおもな仕事となる．

この方式では，プログラムの構造は簡単であるが，状態変数 x を更新の際，Δ の間に生起した複数の事象のどちらが先に生起したのかを区別して，更新内容を変える仕組みはない．また，連続的な現象を扱おうとする場合には，Δ の大きさを決めるのに注意が必要となる．小さすぎると何も起こらない反復が増えるし，大きすぎると多くの事象が一度に起こることが増える（2.1節参照）．基本的には，Δ の間に生起する事象が同じである場合に適する．

● b． **イベントシミュレーションの実現**　この方式では，変化時点の管理がおもな仕事となる．つまり，今後生起予定の事象（event）の生起時刻順リストをシミュレーション中保持しておき，システム内で発生する事象を発生時刻順に取り上げて，順次処理していく．このため，シミュレーションしようとするシステム固有の，1) **発生し得る事象の種類**，2) **事象ごとのシステム状態の変更手続き**を整理するとともに，生起予定の事象の処理を管理する 3) **事象リスト**（time table, event calendar, event list；以下 TT と略す），4) **事象管理アルゴリズム**を作成する必要がある．

事象リストにおいては，各事象の生起時刻，事象種類という内容を1つのレコードとして生起時刻順に線形リストに保持しておく．つまり，図1.7のような形式のシミュレーションの進行とともに変化していくデータ構造を考えることとなる．事象リストへの操作としては次が最低限できなくてはならない．

・事象リストの先頭要素の読み出しと消去
・時刻をキーとした順序づけによる，事象リストへの事象の挿入

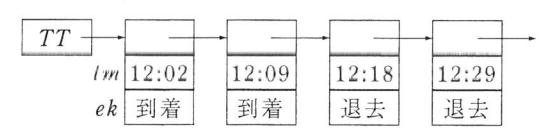

TT	→	→	→	→
tm	12:02	12:09	12:18	12:29
ek	到着	到着	退去	退去

図1.7 事象リストのデータ構造

それぞれの箱が変数を，3段詰みの箱1セットで1つの事象を表す．一番上の箱は，時刻が次の事象がどこにあるかを記憶している（ポインター）．tm がその事象の生起時刻，ek がその事象の事象種類を記憶する．なお，TT は現在時刻から見て直近事象がどこにあるかを記憶している．

以上のデータ構造や手続きが準備できれば，イベントシミュレーションの基本アルゴリズムは図1.8（次頁）のように実現できる．

このアルゴリズムでは，1～3行目で初期設定をしている．具体的には，第1，2行目でシステムの状態設定を，第3行目で，シミュレーションの中の時計が回り出す前に，予定される事象の事象リストへの登録（第2～5行）を行っている．シミュレーション終了のように，**事前に確定している事象**は最初に登録しておけばよい．また，待ち行列への客の到着事象や途中結果の出力のように，**反復して起きる事象**は，1回目の発生のみを登録しておき，1回目の発生があった時点で，

```
1  xの初期化；
2  t:=t_s;
3  時刻t_sでの生起確定事象をTTに登録；
4  以下を繰り返し行う
5    直近事象evを事象リストから取り出す
6    t:=tm; {事象evの生起時刻tmに時計を進める}
7    evの事象種類の事象が生起したことによるxの変化を更新；
8    evの事象種類の事象が生起したことにより今後生起する事象を事象リストに登録；
```

図1.8 イベントシミュレーションの実現

次回の発生を再度登録することにすればよい．

第4行目以降で，シミュレーションの中の時計が動き出す．まず，事象を事象リストから取り出し（第5行），時刻を更新し（第6行），取り出された事象の種類ごとの処理（第7〜8行）を行っている．この部分は，生起した事象ごとに記述することになる．たとえば，3.1節で述べる到着も退去もランダムに発生する待ち行列システムでシステム内人数の変化をシミュレートする例を考えると，事象の種類としては，

- 到着（客のシステムへの）
- 退去（客のシステムからの）
- 出力（システムの途中状況の）
- 終了（シミュレーションの）

などが考えられ，それぞれに対応した状態の変化，今後の生起事象の追加を行うことになる．

このイベントシミュレーションでは，事象の生起順序を正確に表現できるという利点があるが，事象リスト管理プログラムが複雑で，また，事象リストのためのメモリー管理に注意を払う必要がある．

1.2.3 評価結果の集計法

シミュレーションは最終的には，現象の起こり方を模倣して，それを評価するために行うのだから，その結果として注目する量を集計する必要がある．シミュレートされる時間の流れとの関係から，集計のタイプとしては次の3つが考えられる．

- ある時点での値：ある時刻になったときなど，指定された条件が成立した時にどんな状況になるか？
- ある時点までの累積量：ある時刻までにどんなことが起こっているか．
- 十分長い間の平均値：システムが定常状態で平均的にはどんな状況となるか．

第1の場合には単純で，必要な評価変数を最後に出力すればよいが，それ以外の場合には，評価指標のタイプに合わせて以下の配慮が必要である．

① 注目事象の生起頻度

カウンター変数を設けて，シミュレーション中に注目事象が起きた場合，それをカウントアップする．

② 注目事象の生起間隔

注目事象の前回生起時刻を保持する変数を用意し，新規に注目事象が生起した際に，前回生起時刻との差を生起間隔として利用するとともに，前回生起時刻の値を更新する．

③ 評価指標の大きさ

評価指標の大きさの累積量を保持する変数を用意し，評価指標が変化した際に，累積量の増分を足し込む．増分を計算するためには，前項の要領で評価指標の変化する事象を注目事象として，今回の変化までの生起間隔（$t-t'$）とその間の

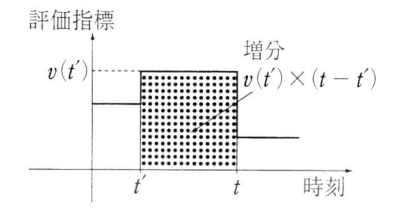

図 1.9 評価指標の累積量の集計

評価指標値（$v(t')$）との積を求めればよい（図 1.9）．平均値を知りたい場合には，シミュレーション終了後にシミュレーションの長さ（開始時刻から終了時刻までの時間）で累積量を割ってやればよい．

例題 1.2.1 次のモデルについて，シミュレーションをする場合，タイムスライスシミュレーションよりイベントシミュレーションが適当と思われるものに○，逆のものに×をつけよ．
(1) 水を一杯に張った風呂の栓を抜いた場合の水位の変化．
(2) 客が，ランダムに入園し，ランダムに退園する遊園地における，滞在客数の推移．
(3) 日々の株価終値が，前日の終値を中心にランダムに変動するとした場合における，株価終値の 3 年分の推移．
(4) 調理時間がランダムに決まるいろいろな材料を調理し，合わせて配膳し，夕飯ができるまでの調理過程．

解 (1) ×，(2) ○，(3) ×，(4) ○

1.3 確率的な要素を含むモデルのシミュレーション

確率的に不確かな要素を考慮にいれるシミュレーションを実施するためには，乱数が用いられる．そのようなシミュレーションを，有名なカジノのあるモンテカルロに因んで**モンテカルロシミュレーション**と呼ぶ．本節では，そこで必要となる乱数を計算機の中で生成する方法について扱う．なお，乱数はシミュレーション以外にも，暗号，確率化アルゴリズム，無作為標本調査，意志決定，娯楽などたいへん広い範囲でも必要となる．

1.3.1 乱数と疑似乱数

乱数とは，言い替えるとデタラメ（"出たら目"）な数となる．このデタラメを正確に述べようとすると，たとえば，次のような考え方があり得る．

- 統計的な規則性が発見できない．
- 情報圧縮できない（それ自身より短い記述方法がない）

しかし，ランダムな系列の中に規則性を発見できてしまうことはよくある．つまり，"規則性が発見できない"という意味は，規則的とは何かを明示できないとわからなくなってしまい，結局，"デタラメな数"を的確に定義するのはとても難しいことになる．また，数学的な乱数の定義は無限系列に対するものであり，我々が扱うのは有限系列であるので，実用上は"使用上問題のある統計的規則性が発見できない"ことして考えることになる．

一様乱数を生成する方法としては，以下のようなものがある．

- 乱数表：事前に用意された乱数が表になっているものを利用する方法．昔は利用されたが，計算機上で利用するのに不便なので，多量の乱数が必要なときには利用しない．
- 物理乱数：20面体サイコロ，放射性同位元素の γ 崩壊の度数などを利用する方法．特別な装置が必要で，これを正しく維持することが難しいので，特別な場合以外，用いることは少ない．
- 擬似乱数（psuedo random number）：何らかのアルゴリズムで次々と乱数を生成する方法．アルゴリズムを知っていれば，確定的な系列となるので，本来の乱数ではないという意味で，擬似乱数と呼ばれる．

本書では，計算機上で乱数を用いることを考えるので，3番目の方法について以下で述べる．

疑似乱数を生成する方法はシミュレーションに用いる計算機環境により異なってくる．たとえばExcelを用いるなら，乱数を生成したいセルに =RAND() と入力しておけば，[0,1]区間上の実数一様乱数を生成し表示してくれる．シートへの入力などにより，シートの再計算が行われると，新たな乱数を生成しなおしてくれる．また，各種のシミュレーション言語や統計ソフトの環境では，乱数の生成関数が用意されているので，これを用いることができる．C言語などの手続き型言語でシミュレーションプログラムを作成する場合には，その言語のシステム定義の乱数を用いることもできる．ただし，必ずしも良い乱数系列を生成してくれる保証がないので，定評ある数値計算ライブラリ（たとえば，文献[7]）を用いることを勧める．これらの選択肢のどれを用いるかは，実験の規模による．たとえば，数千以下の乱数で実験が済む場合には，Excelで可能であるが，数十万の乱数が必要ならそれ以外の方法を探す必要がある．

どの方法でも，擬似乱数の生成手続きについては，以下のような性質が自分の実験の必要を満たすかを考えなければならない．

- 周期：長い実験に用い得るよう周期が長い．
- 再現性：必要な時に同じ乱数系列を再現できる．
- 統計的性質：問題のある規則性がない．

- 計算量：必要な算出時間，空間（記憶容量）が少ない．
- プログラムの移植性：他の計算機でも同じように使える．

乱数を生成するには，まず一様乱数を作成してから，これを必要な分布に変換して利用する．そこで，以下では，一様乱数の代表的生成方法と性質について説明し，その後，それを一般の分布に変換する方法について述べる．

1.3.2 一様乱数の生成法

乱数の基本は，0と1の間の小数がどれも同様の確からしさで表れる$[0,1]$実数一様乱数である．このような一様乱数r_iは，0から十分大きなMまでの整数の一様乱数X_iが生成できれば，

$$r_i = \frac{X_i}{M} \tag{1.1}$$

として近似的に生成できる．そこで，整数一様乱数列X_nを作成する方法を考える．

これを作るのに，デタラメな数なのだからデタラメな方法で作れるだろうと思うと失敗する．整数論など理論的考察が必要となる．基本的には以下の形式の漸化式を用いることとなる．

$$X_n = f(X_{n-1}) \tag{1.2}$$
$$X_n = f(X_{n-1}, X_{n-2}, \cdots, X_{n-n-k}) \tag{1.3}$$

代表的な方法で，最も広く使われてきている方法としては，**線形合同法**［レーマー（Lehmer）法］がある．これは，計算機の許す十分大きい数を法Mとし，乗数a（$1<a<M$）と増分c（$0\leq c<M$）を選択し，

$$X_n = aX_{n-1} + c \pmod{M} \tag{1.4}$$

として，系列を生成するものである．$c=0$の場合を，**乗算合同法**（multiplicative congruential method），$c\neq 0$の場合を，**混合合同法**（mixed congruential method）と呼ぶ．

その他，乗算合同法を拡張して，過去k個の系列を参照する高次の漸化式$X_n = a_1 X_{n-1} + a_2 X_{n-2} + \cdots + a_k X_{n-k} \pmod{M}$を用いる方法や，M系列乱数（文献[3]）もある．

1.3.3 周期と鬚

$0 \leq X_n < M$なる整数列$X_0, X_1, X_2, \cdots$が(1.2)式によって生成されているなら，一度同じ数が現れると，あとは繰り返しとなる．つまり，ある初期値X_0から始めると，

$$
\begin{array}{ccccccc}
X_0, & X_1, & X_2, & \cdots, & X_\mu, & \cdots, & X_{\mu+\lambda-1}, \\
 & & & & \| & & \| \\
 & & & & X_{\mu+\lambda}, & \cdots, & X_{\mu+2\lambda-1}, \\
 & & & & \| & & \| \\
 & & & & X_{\mu+2\lambda}, & \cdots, & X_{\mu+3\lambda-1}, \\
 & & & & \| & & \| \\
 & & & & \vdots & & \vdots \\
\end{array}
$$

という系列となる．このように数列において，$X_0, X_1, X_2, \cdots, X_{\mu+\lambda-1}$ がすべて異なり，$X_{n+\lambda}=X_n$，$(n \geq \mu)$ であるとき，λ, μ をそれぞれ**周期**，**鬚（ひげ）の長さ**とよぶ．

具体的な数値例を挙げてみる．

例1 乗算合同法で，法：$M=7$，乗数：$a=5$，$X_0=1$ とすると，1, 5, 4, 6, 2, 3, 1, …となるので，周期6，鬚の長さ0である．

例2 乗算合同法を実際に使用する場合には，たとえば，法：$M=2^{31}-1=2147483647$，乗数：$a=7^5=16807$ などの定数が用いられる（文献[5]）．この場合，周期は2147483646，鬚の長さは0となる．

例3 混合合同法で，法：$M=8$，乗数：$a=5$，$c=1$，$X_0=1$ とすると，1, 6, 7, 4, 5, 2, 3, 0, 1, …となるので，周期8，鬚の長さ0である．

1.3.4 各種分布に従う乱数の作成

$[0,1]$一様乱数 U の作成ができるとしても，実際のシミュレーションでは，問題に固有の分布を持つ乱数を発生させる必要が生じる．そこで，以下では，一様乱数を加工して各種の確率分布に従う乱数を生成する方法を述べる．なお，ある分布に従う乱数とは，その分布の確率変数の実現値とみなせるような数の系列と考えることができる．以下では，乱数を表す変数と確率変数を混用する．

各種分布の乱数を作成する基本は，数学的には確率変数（乱数）の変換関係を見つけることとなる．つまり，生成したい乱数 Y に対して，生成法が既知である乱数 X と変換 $y=t(x)$ があって，$Y=t(X)$ の確率密度関数 $g_Y(y)$ が必要な分布をしていればよいことになる．

変換関係 t としては，折り返しなどのない（1対1対応で）なめらかな（微分可能な）変換を考えれば，ヤコビ行列式（Jacobian）[2]：$J=\partial t/\partial x$ を用いて X の確率密度関数 $f_X(x)$ と $g_Y(y)$ の間に，以下の関係[3]があればよいこととなる．

$$f_X(x) = g_Y(t(x))|J| \tag{1.5}$$

または，$y=t(x)$ の逆変換 $x=t^{-1}(y)$ と，そのヤコビ行列式 $J'=\partial t^{-1}/\partial y$ を用い，次を確認してもよい．

---

[2] 元の変量が，$\boldsymbol{x}=(x_1, x_2, \cdots, x_n)$，$t(x)=(t_1(\boldsymbol{x}), t_2(\boldsymbol{x}), \cdots, t_n(\boldsymbol{x}))$ なるベクトルの場合には，ヤコビ行列式は

$$J = \begin{vmatrix} \dfrac{\partial t_1}{\partial x_1} & \dfrac{\partial t_1}{\partial x_2} & \cdots \\ \dfrac{\partial t_2}{\partial x_1} & \dfrac{\partial t_2}{\partial x_2} & \cdots \\ \vdots & \vdots & \end{vmatrix}$$

[3] 1変数の場合なら，分布関数を表す定積分の変数変換 $t: X \to Y$ を考える．Y の分布関数 $G_Y(y) = \Pr(Y \leq y)$ は，t が単調増加関数なら $\Pr(X \leq t^{-1}(y))=F_X(t^{-1}(y))$ となり，単調減少関数なら $\Pr(X \geq t^{-1}(y))=1-F_X(t^{-1}(y))$ となる．$g_Y(y)=(d/dy)G_Y(y)$ であるから，$J=\partial t/\partial x$ として (1.5) 式が成立する．$|J|$ は変数変換による積分領域の伸縮率にあたっている．なお，J に絶対値を付けるのは，積分を変数の増加方向で行う確率計算の決まりに従って計算したときに，"正の"確率になるようにするためである．

$$f_X(t^{-1}(y))|J'|=g_Y(y)$$

最も簡単な場合は，位置と尺度の変換で，以下のようにすればよい．

例1 一様分布 $U[a,b]$，$(a<b)$ に従う一様乱数 R は，$[0,1]$一様乱数 U を $R=t(U)=(b-a)U+a$ と変換することで得られる．$[J=(b-a)]$

例2 一般の正規分布：$N(\mu,\sigma^2)$，$(\sigma>0)$ に従う正規乱数 R は，標準正規分布 $N(0,1)$乱数 X を $R=\sigma X+\mu$ と変換することで得られる．

生成したい乱数を作るための変換関係を発見するには，以下に述べるような方法を用いる．

a. 分布関数の逆関数法

目的の乱数 R の確率分布について，分布関数の逆関数が容易に求められる場合には，分布関数の逆関法が便利なことが多い．具体的には，乱数 R の分布関数を $F(x)=\Pr(X\leq x)$ としたとき，逆関数 $F^{-1}(y)=\min\{x;F(x)\geq y\}$ を計算する手続きを作っておき，

① $[0,1]$一様乱数 U を生成．
② $R=F^{-1}(U)$ と変換して R を用いる．

とするものである．

分布関数 F は値域が $[0,1]$ の単調増加右連続関数であるから逆関数 $F^{-1}(y)=\min\{x;F(x)\geq y\}$ は，$[0,1]$ 上から目的の分布の定義域への関数として定義できる．上の手続きに従えば，

$$\begin{aligned}\Pr(R\leq x)&=\Pr(F^{-1}(U)\leq x)\\&=\Pr(U\leq F(x))\\&=F(x)\end{aligned} \quad (1.6)$$

という関係が成り立つので，R は分布関数 $F(x)$ を持つこととなる．

次頁図1.10には，次式の三角形の確率密度関数を持つ乱数の生成を示している．

$$f(x)=\begin{cases}2x & 0<x<1\\0 & その他\end{cases}$$

この図では左上が最初に生成された一様乱数 U のヒストグラムであり，それが分布関数 $F(x)=\int_0^x f(z)dz=x^2$ を逆にたどって変換され，右下に三角形の確率密度関数を持つ乱数 R が生成できている．$F^{-1}(y)=\sqrt{y}$ なので，乱数は $R=\sqrt{U}$ で生成できることになる．このように，連続分布の場合，分布関数 F に対し，$R=F^{-1}(U)=\min\{x;F(x)\geq U\}$ が計算できれば，簡便に乱数を生成できることとなる．最も簡単な例は次となる．

例1（指数乱数） 平均 μ の指数分布の分布関数は $y=F(x)=1-e^{-x/\mu}$ であり，逆関数は $F^{-1}(y)=-\mu\ln(1-y)$ となる．よって指数乱数を生成するには，$(0,1)$一様乱数 U を生成して $R=-\mu\ln(1-U)$ と変換して用いればよいこととなる[4]．なお，$1-U$ と U は同じ一様分布であるから，$R=-\mu\ln(U)$ と変換しても同じで，普通これが用いられる．

生成された一様乱数と
その確率密度関数

三角乱数の分布関数と
それによる逆変換

生成された三角乱数とその確率密度関数

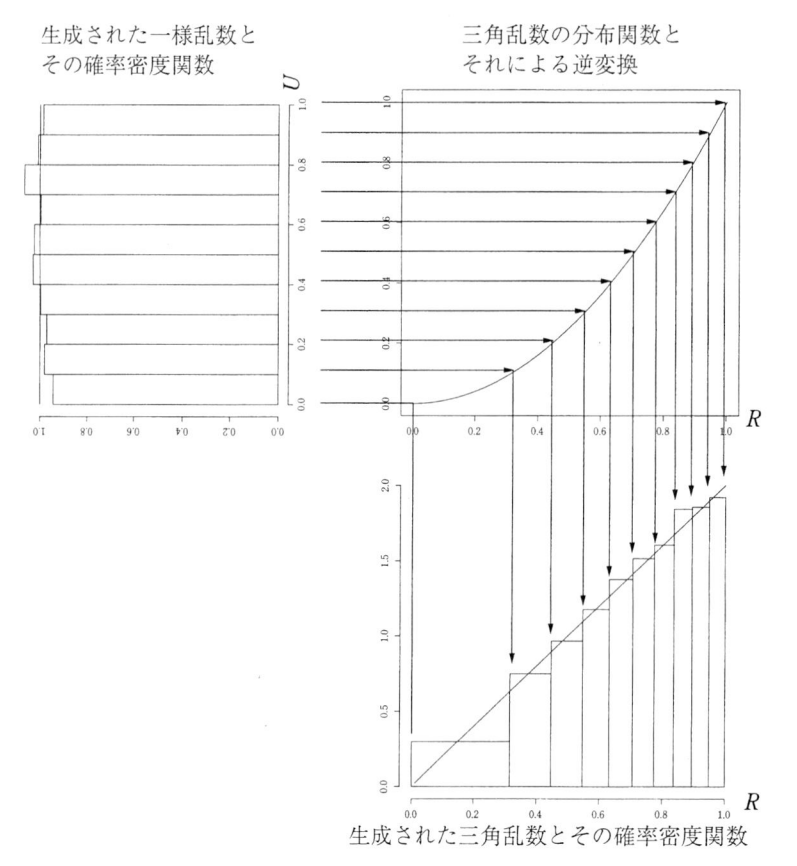

図 1.10 三角分布の逆関数法による生成

離散分布に従う乱数も，同じ原理で生成することができる．一般に離散型確率変数 X が確率関数 $\mathrm{P_r}(X=x_i)=p_i,\ (i=0,1,\cdots,K)$ を持つ場合，この確率分布に従う乱数 R を図 1.11 の方法で作ることができる．このとき，6 行目における i の値で

$$\mathrm{P_r}(R=x_i)=\mathrm{P_r}\left(\sum_{k=0}^{i-1}p_k\leq U<\sum_{k=0}^{i}p_k\right)=p_i$$

```
1  U:=rand;{[0,1]一様乱数:Uの発生}
2  i:=0; U:=U-p[0];
3  U>0である限り，以下を行う
4    i:=i+1;
5    U:=U-p[i];
6  R:=x[i]
```

配列 x[i] に x_i, p[i] に p_i が保存してあるとする．

図 1.11 離散分布乱数の一般的生成法

---

[4]注意：前節の実数乱数生成法では，整数乱数を割算する際の桁落ちなどの関係から，(0,1) 一様乱数 U が正確な 0.0 や 1.0 の値をとることがある．このとき $\log(0)=-\infty$ を計算してしまうなどの問題が生じることがあるので，一様乱数についてこの点の検査が必要な場合がある．

なる関係が成り立ち，要求された確率分布となる．最も簡単な例は次となる．

例 2 ベルヌーイ試行［確率 p で成功，確率 $1-p$ で失敗］を実現するには，$[0,1]$ 一様乱数 U を発生し，$U<p$ のときのみ成功とすればよい．

なお，この方法を用いるときには，確率関数 $\Pr(X=x_i)=p_i$ の値を具体的に求めなければならないが，離散分布は確率が漸化式で書けることが多いのを利用して，以下のような方法がよく用いられる．

例 3 二項乱数 $b(n,p)$ の確率関数は

$$p_k = \binom{n}{k} p^k (1-p)^{n-k} \quad k=0,1,\cdots,n$$

であるから，

$$p_0 = (1-p)^n$$

$$p_1 = np(1-p)^{n-1} = p_0 \frac{np}{1-p}$$

$$p_2 = \frac{n(n-1)}{2} p^2 (1-p)^{n-2} = p_1 \frac{(n-1)p}{2(1-p)}$$

$$\vdots$$

$$p_{k+1} = \binom{n}{k+1} p^{k+1}(1-p)^{n-k-1} = p_k \frac{(n-k)p}{(k+1)(1-p)}$$

と表現できる．図 1.11 の方法を用いれば，2 行目に初期値 p_0 の設定 pp=$(1-p)^n$ を追加し，第 5 行目を

```
5  U:=U-pp;pp:=pp*(n-i)*p/(i+1)(1-p);
```

とすれば確率を保存するための配列を用いない二項乱数生成アルゴリズムとなる．

b. 棄却法 複雑な密度関数 $f(x)$ を持つ乱数 X を発生するのに適当な変換が見つけられない場合には，棄却法がよく用いられる．この方法は，乱数の発生が容易な乱数 Y で，取り得る値の範囲が X と等しいかより広いものを選び，発生させた Y を適切な割合で採用することで，$f(x)$ に従うようにするものである．正確には，Y はその密度関数 $g(y)$ の定数倍が $f(y)$ を越える，つまり，

$$f(x) \leq cg(x) \tag{1.7}$$

なる有限の c が存在することが必要である．$H(Y)=f(Y)/cg(Y)$ と定め，次の方法で目的の乱数 X を発生する．

① 確率密度関数 $g(y)$ に従う乱数 Y と $[0,1]$ 一様乱数 U を独立に発生する．

② $U \leq f(Y)/cg(Y)$ が成立すれば $X=Y$ として用い，不成立なら Y を棄却して①に戻る．

この方法を棄却法（rejection method）と呼ぶ．$H(Y)$ は $0 \leq H(Y) \leq 1$ であり，その Y のときに Y を X として採用する確率を意味する．採用する条件を

変形してみると，$cg(Y)U \leq f(Y)$ であるとき Y が利用されることになるので，xy 平面上の曲線 $y = cg(x)$ 以下の面積に一様に点を打ち，その点が，曲線 $y = f(x)$ 以下になったら，その x 座標を採用していることとなる．

この方法によれば，目的の乱数 1 個を発生するのに，元となる $g(y)$ に従う乱数が平均 c 個必要とされるから[5]，この棄却法が使えるかどうかは，c ができるだけ小さくなるような確率密度関数 $g(y)$ を見つけられるかにかかっている．

例（$g(x)$ を一様分布とできる場合）　$f(x) > 0$ なる領域 $[a, b]$ が有界で $\max f(x) < \infty$ の場合，$g(x) = 1/(b-a)$，$x \in [a, b]$ なる一様分布とできる．このとき，$H(x) = f(x)(b-a)/c \leq 1$ を満たすには，$M = \max_x f(x)$ として，$c = M(b-a)$ とすればよい．結局，$H(x) = f(x)/M$ となるので，以下のように乱数 Y を用いればよい．

① $[a, b]$ 一様乱数 Y と $[0, 1]$ 一様乱数 U を独立に発生する．
② $MU \leq f(Y)$ が成立すれば $X = Y$ として用い，不成立なら Y を棄却して①に戻る．

たとえば，次の確率密度関数に従う乱数 X は

$$f(x) = \frac{2}{\pi}\sqrt{1-x^2}, \quad -1 < x < 1 \tag{1.8}$$

$[-1, 1]$ 一様乱数 Y と $[0, 1]$ 一様乱数 U を独立に発生し，$U \leq (\pi/2)f(Y) = \sqrt{1-Y^2}$，つまり，$U^2 + Y^2 \leq 1$ が成立すれば $X = Y$ として用い，不成立なら Y を棄却してやり直すという方法で生成できる．図 1.12 の (a) に $U^2 + Y^2 \leq 1$ を満たす対 (Y, U) を○で示す．得られた乱数のヒストグラムを (b) に示す．

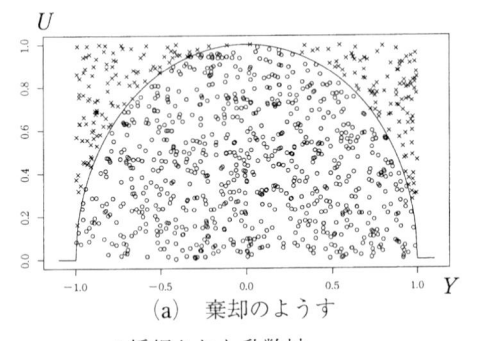

(a) 棄却のようす
○：採択された乱数対
×：棄却された乱数対
生成数は 1000 個，内 771 個採用

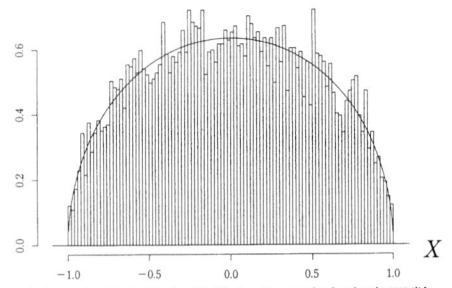

(b) 生成された乱数とその確率密度関数（生成数 10000 個）

図 1.12 円形乱数の棄却法による生成

1.3.5 代表的分布の乱数の生成方法

以下では，代表的分布のうち生成法をまだ述べていないものについて説明する．詳しくは文献 [1]，[3] などを参照されたい．

a．一様整数乱数　0 から $K-1$（K：自然数）までの一様整数乱数は逆関数法などの一般的な方法によらな

---

[5] 手続き中の②で棄却されない確率は $1/c$ であるから，Step ① の実行回数 t は幾何分布 $(1/c)(1-(1/c))^t$ に従う．

くとも，$X = \lfloor KU \rfloor$ によって作成できる．ただし，$\lfloor a \rfloor$ は a を越えない最大の整数を示す．たとえば Excel では，FLOOR () という切捨て関数が用意されているので，$\boxed{=\text{FLOOR}(K * \text{RAND}(), 1)}$ とすればよい．

b．最大値乱数 相互に独立に分布関数 $F(x)$ を持つ確率変数 X_i（$i = 1, \cdots, n$）の最大値 $Y = \max\{X_1, \cdots, X_n\}$ の分布関数は $F(y)^n$ であるから，$[0,1]$一様乱数 U から $Y = F^{-1}(U^{1/n})$ とすれば Y を生成できる．

ただし，分布関数 $F(x)$ を持つ乱数 X_i を簡単に生成できるなら，単純に $Y = \max\{X_1, \cdots, X_n\}$ としてもよい．

c．二項乱数 成功確率 p の試行を n 回行ったときの成功回数の分布である二項分布：$b(n, p)$，（n：自然数，$0 < p < 1$）に従う乱数は，1.3.4項a．の例3の方法でも生成できるが，$U_1, U_2, \cdots, U_n$ を独立に $U[0, 1]$ に従う乱数として，R を条件 $\{U_i < p\}$ を満たす U_i の個数としてもよい．

d．ポアソン乱数 期待値 λ のポアソン分布は $\Pr(X = n) = p_n = (\lambda^n / n!) e^{-\lambda}$，（$n = 0, 1, 2, \cdots$）であるから，前述の一般的な離散分布生成方法では，無限の配列が必要になってしまう．しかし，$p_0 = e^{-\lambda}$，$p_n = (\lambda / n) p_{n-1}$（$n = 1, 2, \cdots$）が成り立つ．$\lambda$ が小さい場合には，これを利用して，毎回，必要なところまで p_n を生成していけばよい．実際は，平均に比べ極端に大きな値を取る確率は少ないので，十分大きな値で打ち切ってもよい．本書2.5節b．(75ページ）にExcelによる計算例を示す．

e．正規乱数 正規乱数を簡便に生成する方法としては，中心極限定理を用いる方法がある．独立に $U_1, U_2, \cdots, U_n \sim U[0, 1]$ を生成し，$R = (U_1 + U_2 + \cdots + U_n - n/2) / \sqrt{n/12}$ を標準正規乱数として用いるというものである．$[0, 1]$様分布の期待値は $1/2$，分散は $1/12$ であるから，一様乱数を n 個合計した結果は平均値は $n/2$，分散は $n/12$ となる．R ではこれを調整して平均0，分散1としている．また，中心極限定理から，独立な一様乱数を数多く合計したものは近似的に正規分布に従うと考えてよいので，R は近似的に正規分布することになる．

実用的には表現の簡単さから $n = 12$ の場合がよく用いられる．たとえばExcel では，セルに $\boxed{=\text{RAND}() + \text{RAND}() + \cdots + \text{RAND}() - 6}$ と RAND() を12回足して，6を引く式を入力すれば，平均0，分散1の正規乱数となる．この近似は意外によいが，1個の正規乱数を生成するのに，12個の一様乱数を消費するので，効率的な方法とはいえない．

なお，Excel には，分布関数の逆関数が用意されている場合がある．たとえば，正規分布の場合 NORMINV() という関数が用意されているので，分布関数の逆関数法により $\boxed{=\text{NORMINV}(\text{RAND}(), 平均, 分散)}$ とすればよい．

手続き型言語で正規乱数を生成するには極座標法（Box & Muller 法）などが用いられる．この方法は2つの独立な $[0, 1]$一様乱数 U_1，U_2 から，2つの独立

な正規乱数 R_1, R_2 を得る方法である．具体的には，次のように一様乱数の変換を行なえばよい．

$$R_1 = \sqrt{-2\ln U_1}\cos 2\pi U_2 \quad (1.9)$$
$$R_2 = \sqrt{-2\ln U_1}\sin 2\pi U_2 \quad (1.10)$$

このとき，$(\cos 2\pi U_2, \sin 2\pi U_2)$ は単位円周上の一様分布になっている．つまり，$(\cos 2\pi U_2, \sin 2\pi U_2)$ は原点から見て，ランダムな方向を定めている（図1.13）．

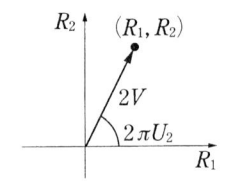

図1.13 Box & Muller 法の座標変換

● **f．Γ乱数**　まず，Γ（Gamma）分布の特徴を整理する．ここではパラメータ $\alpha > 0$, $\lambda > 0$ のΓ分布を $\Gamma(\alpha, \lambda)$ と書く．確率密度関数は，

$$f(x) = \frac{\lambda(\lambda x)^{\alpha-1}e^{-\lambda x}}{\Gamma(\alpha)} \quad (x \geq 0) \quad (1.11)$$

であり，平均 α/λ，分散 α/λ^2 となる．Γ分布は各種の分布を特殊な場合として含んでいて，自由に生成できると役に立つ．

- $\alpha = 1$ なら，平均 $1/\lambda$ の指数分布と呼ばれる．
- α が整数の場合，フェーズ k のアーラン（Erlang）分布と呼ばれる．
- $\Gamma(k/2, 1/2)$ は自由度 k の χ^2 分布と呼ばれる．
- 再生性を持つ．つまり，独立に $X \sim \Gamma(\alpha_1, \lambda)$，$Y \sim \Gamma(\alpha_2, \lambda)$ とすると，$X + Y \sim \Gamma(\alpha_1 + \alpha_2, \lambda)$ となる．

以上のΓ乱数は，Excel では，GAMMAINV() というΓ分布の分布関数の逆関数が用意されているので，$\boxed{\text{=GAMMAINV(RAND(), }\alpha, 1/\lambda)}$ とすれば生成できる．

● **g．相互相関を持つ乱数**　これまでは，相関のない乱数列の作り方を検討してきたが，相関のある乱数列が必要な場合もある．まず，相互相関のある2つの乱数 R_1, R_2 の生成法を与える．ただし，それぞれは標準正規分布 $N(0,1)$ に独立に従い，相互の相関係数[6]を ρ ($-1 < \rho < 1$) としたいものとする．このような乱数の対を作成するには，独立な標準正規分布乱数 X_k ($k=1,2$) を用い，

$$R_1 = X_1 \quad (1.12)$$
$$R_2 = \rho X_1 + \sqrt{1-\rho^2} X_2 \quad (1.13)$$

とすればよい．

このとき，独立に正規分布に従う確率変数の和は正規分布するから，R_1, R_2 が正規分布することがわかる．また，X_1, X_2 の共分散についての $\mathrm{Cov}(X_1, X_2) = 0$ などを用いると期待値0，分散1であることがわかる．相関係数も以下の結

---

[6] 2つの確率変数 X, Y に関して，それらの相関係数は $\rho = \mathrm{Cov}(X,Y)/\sqrt{V[X]V[Y]}$ で定義される．ただし，$\mathrm{Cov}(X,Y)$ は共分散で，$\mathrm{Cov}(X,Y) = \mathrm{E}[(X-\mathrm{E}[X])(Y-\mathrm{E}[Y])]$．両者が独立なら0で，$|\rho| \leq 1$．

[7] 定常的な乱数系列とは，任意の k, n について，$R_1, R_2, \cdots, R_n$ の同時確率分布と，$R_{k+1}, R_{k+2}, \cdots, R_{k+n}$ の同時確率分布が等しい場合をいう．

$$\mathrm{Cov}(R_1,R_2) = \mathrm{E}[X_1(\rho X_1+\sqrt{1-\rho^2}X_2)]$$
$$= \rho\mathrm{Cov}(X_1,X_1)+\sqrt{1-\rho^2}\,\mathrm{Cov}(X_1,X_2) = \rho$$

● **h. 自己相関を持つ乱数系列** システムへの入力としての時系列などを考えるとき，系列 $R_1, R_2, \cdots$ 上で近い値は相互に関連を持たせたい場合がある．たとえば，需要の時系列を考えると，夏場のビールのように気温に左右されやすいものは，暑い日が続けば高めに推移し，涼しい日が続けば低めに推移するので，隣り合った日の売上は高い相関を持つだろうし，インスタントコーヒーのように，買い置きのできる商品の売上個数は，安売りで需要の先取りのあったあとは売れなくなるなど，負の相関を持つ場合もあるだろう．そこで，系列上の値相互の関連の程度として相関係数を指定した定常的[7]な乱数系列を作ることを考える．

系列上で k 個離れた値の間の相関係数：
$$\rho(k) = \mathrm{Cov}(R_i, R_{i+k})/\sqrt{\mathrm{V}[R_i]\mathrm{V}[R_{i+k}]} \tag{1.14}$$
を**遅れ k の自己相関**という．ここでは系列が定常的で分散が一定としたので，$\rho(k) = \mathrm{Cov}(R_i, R_{i+k})/\mathrm{V}[R_i]$ となる．また，この $\rho(k)$ の値を $k = 0, 1, 2, \cdots$ を横軸としてプロットしたグラフを**コレログラム**と呼ぶ．特に $\rho(k) = \lambda^k$ ($|\lambda|<1$) となるとき，定常乱数系列は**指数型のコレログラム**を持つという．

このような指数型のコレログラムを持つ正規乱数系列 R_i ($i=1, 2, \cdots$) を作るには，独立な標準正規分布乱数系列 X_i ($i=1, 2, \cdots$) を用い，
$$R_i = X_i + \lambda R_{i-1} \tag{1.15}$$
とすればよい．初期値は，たとえば $R_0 = 0$ として，初期値の効果がなくなる程度の系列を捨ててから使い始めればよい．R_i は1つ前の自分 R_{i-1} を用いて定まるので，この式で生成される系列を，**自己回帰型の系列**とも呼ぶ．

このとき，十分に大きな i において
$$R_i = X_i + \lambda R_{i-1} = \sum_{k=0}^{\infty} \lambda^k X_{i-k} \tag{1.16}$$
となる．独立に正規分布に従う確率変数の和は正規分布するから，(1.16) 式より R_i は正規分布する．また，各 X_{n-k} は独立であるから，$\mathrm{Cov}(X_i, X_{i+k})$ は $k=0$ のときのみ $\mathrm{V}[X_i]$ に等しく，他の場合は 0 であることに注意すると，$\mathrm{E}[R_i]=0$, $\mathrm{V}[R_i]=1/(1-\lambda^2)$ であり，また，
$$\mathrm{Cov}(R_i, R_{i+k}) = \mathrm{E}[R_i R_{i+k}] = \mathrm{E}\left[\sum_{h=0}^{\infty}\lambda^h X_{i-h} \times \sum_{h=-k}^{\infty}\lambda^{h+k}X_{i-h}\right]$$
$$= \sum_{h=0}^{\infty}\lambda^{2h+k}\mathrm{E}[X_{n-h}^2] = \lambda^k\sum_{h=0}^{\infty}\lambda^{2h}$$
$$= \frac{\lambda^k}{1-\lambda^2} \tag{1.17}$$
となるから，以下が成立することになる．

$$\rho(k) = \frac{\text{Cov}(R_i, R_{i+k})}{\text{V}[R_i]} = \lambda^k \tag{1.18}$$

上では R_i が正規分布する場合を考えたが，X_i の分布は何であっても，上式は成立する．X_i を一様分布とした場合について，Excel での生成法を2.5節で示す．

例題 1.3.1 混合合同法で，法 $M=7$，乗数 $a=5$，増分 $c=1$，初期値 $X_0=1$ とするとき生成される系列の周期と鬘を求めよ．また，初期値 $X_0=5$ とするとどうか．

解 初期値 $X_0=1$ のとき，生成される乱数は $X_0=1, X_1=6, X_2=3, X_3=2, X_4=4, X_5=0, X_6=1, \cdots$ となるので，周期6，鬘の長さ0である．また，$X_0=5$ とすると，$X_0=5, X_1=5, \cdots$ であるので，周期1，鬘の長さ0となる．

例題 1.3.2 $F(x) = x^{1/3}, x \in [0,1]$ なる連続型分布関数を持つ乱数の生成法を分布関数の逆関数法で与えよ．

解 $F(x) = x^{1/3}, x \in [0,1]$ の逆関数を求めると，$F^{-1}(y) = y^3$ となる．よって，$[0,1]$ 一様乱数 U を生成し，$F^{-1}(U) = U^3$ を求めて用いればよい．

例題 1.3.3 次の確率関数を持つ離散型の乱数を $[0,1]$ 一様乱数から生成する方法を与えよ．

(1) (0,1,2 をとる乱数)

$$p_k = \begin{cases} 0.7 & x=0 \\ 0.2 & x=1 \\ 0.1 & x=2 \\ 0 & \text{その他} \end{cases}$$

(2) (ポアソン乱数)

$$p_k = \frac{e^{-\lambda}\lambda^k}{k!}, \quad k=0,1,2,\cdots; \lambda>0$$

(3) (幾何乱数)

$$p_k = p(1-p)^k, \quad k=0,1,2,\cdots; p>0$$

解

(1) $[0,1]$ 一様乱数 U を生成し，$U<0.7$ なら0，そうでなく $U<0.9$ なら1，それ以外なら2として用いる．

(2) (1.3.4項 a. の例3参照) $p_0 = e^{-\lambda}, p_{k+1} = p_k \dfrac{\lambda}{k+1}, k=0,1,2,\cdots$

(3) (1.3.4項 a. の例3参照) $p_0 = p, p_{k+1} = p_k(1-p), k=0,1,2,\cdots$

例題 1.3.4 次の確率密度関数に従う乱数 X の $[0,1]$ 一様乱数からの生成法を与えよ．

$$f(x) = \begin{cases} x & 0 \leq x < 1 \\ 2-x & 1 \leq x \leq 2 \\ 0 & \text{その他} \end{cases} \tag{1.19}$$

解 $f(x)$ の積分が簡単なので分布関数が求められ，分布関数の逆関数法でも生成できるが，ここでは棄却法での生成を考える．$f(x)$ が正であるのは区間 $[0,2]$ であるので，生成が容易な乱数 Y としては，$[0,2]$ 一様乱数を用いることにする．その密度関数が $g(x)=1/2$ $(0<x<2)$，0 (それ以外) となる一方，$f(x)$ の最大値は1であるので，$c=2$ とすればよい．したがって，$(0 \leq x \leq 2)$ において，$H(x) = f(x)/(2 \times 1/2) = f(x)$ となり，次で生成できることとなる．

① $[0,1]$ 一様乱数 U, V を独立生成し，乱数 $Y=2V$ とする．

② $Y \leq 1$ のときは $U \leq Y$，$Y>1$ のときは $U \leq 2-Y$ が成立すれば $X=Y$ として用い，不

成立なら Y を棄却して①に戻る．

1.4 数値積分とモンテカルロシミュレーション

　モンテカルロシミュレーションでは，各種分布の乱数値を発生し，それに応じて変わる評価関数値の分布を観測し，その値を集計することになる．本節では，まず，数値積分とモンテカルロシミュレーションの関係について述べた後，乱数による数値積分の評価方法と，その誤差分散を評価した結果を考える．最後に，π を推定する数値積分問題を乱数を用いて計算する例を見る．

1.4.1 数値積分としてのシミュレーション

　いま，シミュレーション対象とするシステムの評価関数の値が k 次元の乱数ベクトル $x_1,\cdots,x_k$ から $f(x_1,\cdots,x_k)$ と定まる場合を考える．各種の確率分布が 1.3 節で述べたように元々は一様乱数から作成されることに注意すると，関数 f で用いる乱数列 $x_1,\cdots,x_k$ を $[0,1]$ 一様乱数とできる．大きなシミュレーションなら膨大な個数の一様乱数を用いるので，k はたいへん大きな数となるかもしれないが，理論上では $f(x_1,\cdots,x_k)$ という関数を考え得る．

　モンテカルロシミュレーションは，乱数列 $x_1,\cdots,x_k$ を生成しては，評価関数 $f(x_1,\cdots,x_k)$ の値を評価することを繰り返し，結果の分布を調べ，平均値などを計算することとなる．その平均値は，一様分布の確率密度関数が 1 であるから，

$$I = \mathrm{E}[f(x_1,\cdots,x_k)]$$
$$= \int_0^1 \cdots \int_0^1 f(x_1,\cdots,x_k)\,dx_1,\cdots,dx_k \qquad (1.20)$$

なる積分の推定値とみることができる．つまり，モンテカルロシミュレーションは，何らかの多重積分の評価を行なっているのと等価であると考えられる．以下では，数値積分の方法をみることで，モンテカルロシミュレーションの性質について考える．

1.4.2 乱数による数値積分法

　解析的に解の求まらない定積分の値を求めるのには，台形公式，シンプソンの公式など，多項式近似を用いることが普通であるが，①誤差評価や，②精度向上のための追加計算がしにくい，などの問題点がある．また，③積分変数の個数が多い場合は計算量が指数的に増加してしまう，という問題点がある．これらの問題点は，乱数を用いたモンテカルロ法による数値積分を行なうとある程度解決される．

　モンテカルロ法による解法は他の決定論的方法と異なり，多次元の問題でも，1 次元での議論がそのまま通用するので，本節では，次の 1 次元の問題についてモンテカルロ法による解法とその分散の評価について述べる．

$$I = \int_a^b f(x)\,dx \tag{1.21}$$

● a. **当たり外れ法**　積分区間幅 $b-a$ を L と表すことにする．また，適当な定数 H が存在して，$0 \leq f(x) \leq H$ $(x \in [a,b])$ と仮定する．この仮定の下では，積分される面積は矩形領域 $[a,b] \times [0,H]$ に含まれる．この矩形領域の面積 $W = LH$ に対する積分値 I の比率

$$p = \frac{\int_a^b f(x)\,dx}{LH} = I/W \tag{1.22}$$

を推定できれば，Wp として積分値を推定することができる．このことから，以下のような算法が考えられる．

① 以下の試行を実施し $(i=1,\cdots,N)$，成立した回数（n 回）を調べる；

「区間 $[a,b]$ と区間 $[0,H]$ 上に一様乱数の対 (X_i, Y_i) を発生させ $Y_i < f(X_i)$ が成立するか検査する．」

② I の推定量として，$\hat{I}_1 = LH(n/N)$ を用いる．

このようにして，積分値を求める方法を**当たり外れ法**（hit or miss method）と呼ぶ．

この方法による $\hat{I}_1$ の誤差分散は以下となる．

$$\begin{aligned} V[\hat{I}_1] &= L^2 H^2 V[n/N] = W^2 p(1-p)/N \\ &= I(W-I)/N \end{aligned} \tag{1.23}$$

● b. **標本平均法**　区間 $[a,b]$ 上の一様乱数 X を考えると，その確率密度は

$$p(x) = \begin{cases} 1/L & x \in [a,b] \\ 0 & \text{その他} \end{cases} \tag{1.24}$$

となるから，

$$E[f(X)] = \int_a^b f(x)p(x)\,dx = I/L \tag{1.25}$$

である．$E[f(X)] \equiv \mu$ は，乱数実現値 $x_1, \cdots, x_N$ を用いた標本平均として，$\hat{\mu} = \sum_{i=1}^N f(x_i)/N$ と推定できるから，結局求める積分値は

$$\hat{I}_2 = \frac{L}{N} \sum_{i=1}^N f(x_i) \tag{1.26}$$

と推定できることとなる．このようにして積分値を求める方法を**標本平均法**（sample mean method）と呼ぶ．

この方法による $\hat{I}_2$ の誤差分散は $f(X_i)$，$(i=1,\cdots,N)$ が独立であり，

$$\begin{aligned} V[f(X_i)] &= E[f(X)-\mu)^2] = \int_a^b f(x)^2 p(x)\,dx - \mu^2 \\ &= \int_a^b \frac{f(x)^2}{L}dx - \frac{I^2}{L^2} \end{aligned}$$

となることに注意すれば，

$$\mathrm{V}[\hat{I}_2] = \frac{L^2}{N^2}\mathrm{V}\left[\sum_{i=1}^{N}f(X_i)\right] = \frac{L^2}{N^2}\sum_{i=1}^{N}\mathrm{V}[f(X_i)]$$
$$= \frac{1}{N}\left(L\int_a^b f(x)^2 dx - I^2\right) \tag{1.27}$$

となる．

この方法と当たり外れ法との誤差分散を比較すると，$f(x) \leq H$ であるから，
$$\int_a^b f(x)^2 dx \leq \int_a^b H f(x)^2 dx = HI \tag{1.28}$$
よって，
$$\mathrm{V}[\hat{I}_2] \leq \frac{LHI - I^2}{N} = \frac{I(W-I)}{N} = \mathrm{V}[\hat{I}_1] \tag{1.29}$$

つまり，標本平均法の方が常に誤差分散が小さいことがわかる．当たり外れ法はわかりやすいが，数値積分の計算には，標本平均法を用いるべきであることがわかる．その他の精度を高める方法としては，たとえば文献 [6] を参考にされたい．

1.4.3 π の 推 定

1つの積分問題の例として，円周率 π の具体的な値を知らないものとして，これを推定することを考えてみよう．1/4 円の面積 π/4 を求める積分：
$$I = \int_0^1 \sqrt{1-x^2}\,dx$$
の値が求まれば，それを 4 倍することで π が求められることとなる．

この面積を求めるのに当たり外れ法を利用してみよう．具体的には，$[0,1] \times [0,1]$ の正方形にランダムに N 個の点をとり，何個が 1/4 円内に落ちるかをカウントし，1/4 円内に落ちたのが n 個であれば，
$$\hat{p} = \frac{n}{N} \fallingdotseq \frac{1/4\text{円面積}}{\text{正方形面積}}$$
であるから，$\hat{I} = (1/4\text{円面積}) \fallingdotseq n/N \times (\text{正方形面積})$ と求まることになる．このとき $\pi \fallingdotseq \hat{I} \times 4$ となる．

図 1.14 に，N を 1000 個として実験した結果例を示す．[0,1] 一様乱数 U_1, U_2 を独立に発生させることで，正方形内のランダムな点とし，円の中に入った個数（$U_1^2 + U_2^2 < 1$ が成り立った個数）をカウントしている．

また，図 1.15 に，N を 10 から 100000 まで変えたとき，それぞれ 50 回ずつ π を推定した結果を示す．縦軸は，n/N を 4 倍して，π に対応した値としている．(a) をみると真の値 $\pi = 3.14159\cdots$ との誤差が，N とともに減っていくようすがわかる．(b) には，i 回目の実験での誤差 $\hat{\pi}_i - \pi$ $(i=1,\cdots,50)$ から求めた誤差標準偏差 $SD = \sqrt{\sum_i (\hat{\pi}_i - \pi)^2/50}$ が示してある．これから，実験回数とともに誤差標準偏差が減っていくようすがわかる．ただし，とった点の数 N を示す横軸も，標準偏差も対数尺度としていることに注意してもらいたい．これは，推

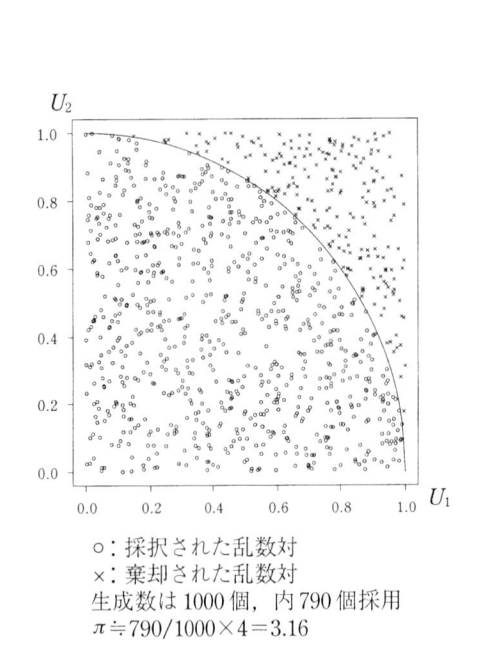

○：採択された乱数対
×：棄却された乱数対
生成数は 1000 個，内 790 個採用
$\pi \fallingdotseq 790/1000 \times 4 = 3.16$

図 1.14 当たり外れ法による π の推定

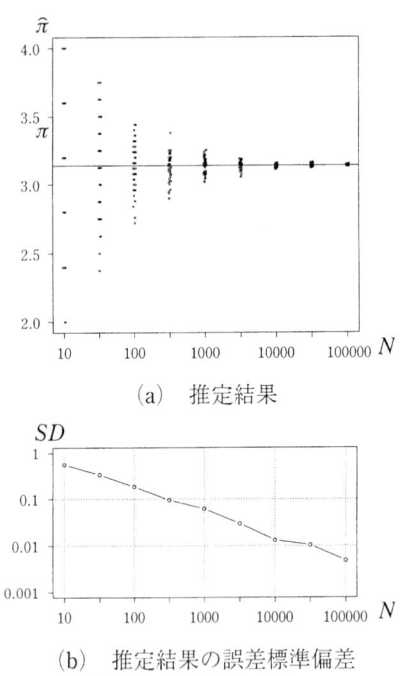

(a) 推定結果

(b) 推定結果の誤差標準偏差
N：利用した乱数対の数
それぞれで 50 回実験した結果

図 1.15 当たり外れ法による π の推定結果

定精度の向上の桁数は，実験回数の桁数に比例することを意味する．正確には，前節で述べたように，この場合の誤差標準偏差は実験回数 N の平方根に逆比例して減少する．つまり，誤差標準偏差を 1/10 にしたければ，実験回数 N を 100 倍にする必要があることとなる．実験の長さとともにこのように誤差標準偏差が減少していくのは，多くのモンテカルロシミュレーションに共通の性質となる．

この π の推定の場合，積分が一重で簡単な問題なので，同じ程度の計算量で求めた他の計算法（級数計算など）に比べて精度は悪く，π を求める方法として，上記の計算は良い方法ではない．しかし，問題がもっと難しくなり，次元数の多い多重積分の数値計算となる問題では事情が異なってくる．他の台形公式などの数値計算の方法では多重積分の次数 k を巾乗の巾数とした勢いで計算量が増えてしまう．これを「多次元の呪い」とよんで，次元数が高い問題では大変な困難となる．しかし，モンテカルロ法によれば，多重積分の個数には関係なく，上で見たように，実験回数 N にのみ依存して精度が向上することになる．

1.4 数値積分とモンテカルロシミュレーション

例題 1.4.1 Excel で π の推定について，当たり外れ法による実験をしてみよ．

解 Excel シートの作成例を以下に示す．

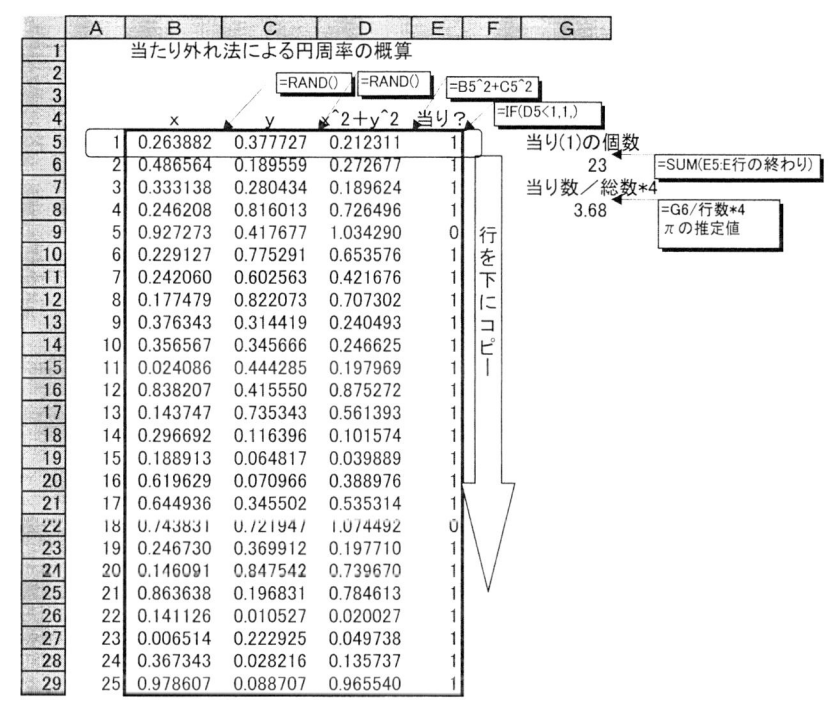

	A	B	C	D	E
1		当たり外れ法による円周率の概算			
2			=RAND()	=RAND()	=B5^2+C5^2
3					=IF(D5<1,1,)
4		x	y	x^2+y^2	当り?
5	1	0.263882	0.377727	0.212311	1
6	2	0.486564	0.189559	0.272677	1
7	3	0.333138	0.280434	0.189624	1
8	4	0.246208	0.816013	0.726496	1
9	5	0.927273	0.417677	1.034290	0
10	6	0.229127	0.775291	0.653576	1
11	7	0.242060	0.602563	0.421676	1
12	8	0.177479	0.822073	0.707302	1
13	9	0.376343	0.314419	0.240493	1
14	10	0.356567	0.345666	0.246625	1
15	11	0.024086	0.444285	0.197969	1
16	12	0.838207	0.415550	0.875272	1
17	13	0.143747	0.735343	0.561393	1
18	14	0.296692	0.116396	0.101574	1
19	15	0.188913	0.064817	0.039889	1
20	16	0.619629	0.070966	0.388976	1
21	17	0.644936	0.345502	0.535314	1
22	18	0.743831	0.721947	1.074492	0
23	19	0.246730	0.369912	0.197710	1
24	20	0.146091	0.847542	0.739670	1
25	21	0.863638	0.196831	0.784613	1
26	22	0.141126	0.010527	0.020027	1
27	23	0.006514	0.222925	0.049738	1
28	24	0.367343	0.028216	0.135737	1
29	25	0.978607	0.088707	0.965540	1

当り(1)の個数 23 =SUM(E5:E行の終わり)
当り数／総数*4 3.68 =G6/行数*4
π の推定値

行を下にコピー

図 1.16

例題 1.4.2 関数 $f(x)=e^x\,(0\leq x\leq 1)$ の積分 $\int_0^1 f(x)\,dx=[e^x]_0^1=e-1\simeq 1.7182$ について，当たり外れ法と標本平均法による誤差分散を計算してみよ．

解 分散は以下のように評価される．

- 当たり外れ法；$\hat{I}_1=n/N, n=|\{(x_i,y_i)|y_i<e^{x_i},\,(i=1,\cdots,N)\}|$ として求めることになる．このときの分散は，

$$\mathrm{V}[\hat{I}_1]=\frac{I(W-I)}{N}=\frac{(e-1)1}{N}\simeq\frac{1.7182}{N}$$

- 標本平均法；
  $\hat{I}_2=\sum_i e^{r_i}/N$ として求めることになる．このときの分散は，

$$\mathrm{V}[\hat{I}_2]=\frac{1}{N}\left(L\int f^2(x)\,dx-I^2\right)=\frac{1}{N}\left(\frac{e^2}{2}+2e-\frac{3}{2}\right)\simeq\frac{0.2420}{N}$$

文　献

[1] Rubinstein, R. Y.："Simulation and the Monte Carlo Method", Wiley (1981).

[2] Knuth, D. E.："The Art of Computer Programming II Seminumerical Algorithms (Random Number)", Addison-Wesley (1980)；渋谷政昭（訳）："準数値算法/乱数"，サイエンス社 (1981).

[3] 伏見正則："乱数"，東京大学出版会 (1989).

[4] 和田秀男："数の世界"，岩波書店 (1981).

[5] Park, S. K., Miller, K. W.：Random Number Generators：Good Ones are Hard to

Find, *Communications of ACM*, **31** (10)：1192-1201 (1988)；(訳) *bit*, **25** (4,5) (1993).

[6] 津田孝夫："モンテカルロ法とシミュレーション", 培風館 (1969).

[7] 丹慶勝市, 奥村晴彦, 佐藤俊郎, 小林　誠 (訳)："ニューメリカルレシピ・イン・シー", 技術評論社 (1993).

第2章　タイムスライスシミュレーション

2.1　常微分方程式の初期値問題と差分法

いろいろなダイナミックシステムが微分方程式で表されているが，微分方程式で表されたダイナミックシステムを，固定した時間間隔ごとの特性を取り扱うタイムスライスシミュレーションする場合には，差分法と呼ばれる方法により微分方程式を差分方程式に近似的に表したものを利用し，差分方程式を逐次計算する，あるいは連立して一括計算することによりシステムの特性を近似計算する．ここでは，まず微分方程式の独立変数が1つだけの常微分方程式に対して，差分方程式を逐次計算して特性を計算する初期値問題について述べる．

2.1.1　連続系のシミュレーション

いろいろなダイナミックシステムについて，その挙動を微分方程式で表す試みが行われてきた．たとえば，図2.1は，ばね，ダンパにおもりがぶら下がった力学的システムの例を示しているが，このおもりの鉛直方向の位置が時間とともに変化する挙動は，次のような微分方程式で表せる．

$$m\frac{d^2x}{dt^2}+c\frac{dx}{dt}+kx=F(t)$$

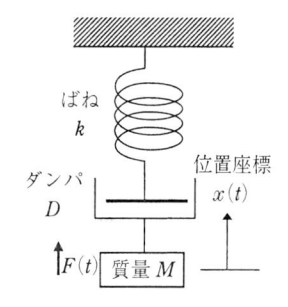

図 2.1　機械系のモデル例（文献 [2]）

ここで，x は基準点からの鉛直方向の距離，m はおもりの重さ，c はダンパの弾性定数，k はばね定数，$F(t)$ はおもりに働く鉛直方向の外力を表す．この式は，時間を表す1つの独立変数 t のみであることから，またその独立変数に関する2階の導関数までを含むことから，2階の常微分方程式と呼ばれる．

図2.2は，コイル，抵抗，コンデンサ，および交流電源からなる電気回路システムの例を示しているが，この電気回路を流れる電流が時間とともに変化する挙動は，次のような微分方程式で表せる．

$$L\frac{di}{dt}+iR+\frac{1}{C}\int_0^t idt=E(t)$$

ここで，i は電気回路を流れる電流，L はコイルのインダクタンス，R は抵抗，C はコンデンサの静電容量，$E(t)$ は交流電源の起電力を表す．この式におい

て，電荷 q が電流の積分で $\int_0^t i dt = q(t)$ と表せることから，上の式は次のように書き直すことができる．

$$L\frac{d^2q}{dt^2} + R\frac{dq}{dt} + \frac{q}{C} = E(t)$$

上の式は，独立変数が時間を表す1つの変数 t のみであり，またその独立変数に関する2階の導関数までを含むことから，先に示した機械系のシステムと同様に，2階の常微分方程式で表されていることがわかる．

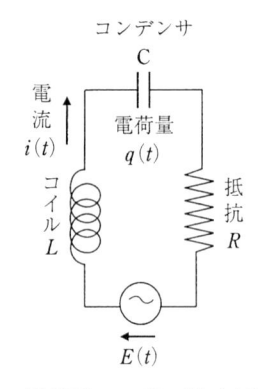

図 2.2 電気系のモデル例（文献 [2]）

微分方程式で表されたダイナミックシステムの挙動の解析法も，数学的に厳密な解法から，近似的解法まで，従来よりいろいろ検討されている．その中で，微分方程式で表されたダイナミックシステムの挙動を数値計算により逐次計算する解法は，数値解析や数値計算と呼ばれていると同時に，最近では，連続系のシミュレーション（文献[1]）と呼ばれている．

2.1.2 （1階）常微分方程式の初期値問題

ある独立変数と関数の関係が常微分方程式で表されているときに，その独立変数がある値（通常 0）のときの関数値（初期値）を条件（初期条件）として解く問題は，常微分方程式の初期値問題と呼ばれている．ここで，微分方程式で表された関数値を解くとは，初期値として与えられた $t=0$ 以降の変数 t のときの関数値を求めることを意味する．

特にここでは，独立変数 t の関数 $u = u(t)$ に対する1階の導関数を含む常微分方程式を，条件 $u(0) = a$ のもとで解く初期値問題を考える．

$$\frac{du}{dt} = f(t, u) \quad (t > 0) \tag{2.1}$$

ここで $f(t, u)$ は，与えられた t と u の関数で，適当になめらかであるとする．また，a は，与えられた定数とする．

上の初期値問題は，幾何学的には次のような意味を持つ問題と考えられる．まず，横軸を独立変数 t，縦軸を求める関数 u とする2次元の t-u 平面を考える．この独立変数 t の関数 $u = u(t)$ は，条件により t-u 平面内においていろいろな曲線となるが，微分方程式を与えることにより，求める関数 u の導関数 du/dt が独立変数 t と関数 u の関数 $f(t, u)$ となることを表している．幾何学的には1階の導関数が曲線上の各点における接線の傾きを表すことから考えると，与えられた微分方程式は，求める関数 u の t-u 平面内の各点における接線の傾きが $f(t, u)$ として与えられていることと考えられ，微分方程式の解は，幾何学的には任意の点から出発して傾きを連続的につないだ曲線と考えられる．

さらに，初期条件として，$t=0$ のときの関数値 $u=a$ が与えられていることより，微分方程式の解の各種の曲線のうち，初期条件として与えられた点 $(0, a)$ を通る必要があることを示している．結果として，微分方程式の初期値問題を幾何学的に考えると，図 2.3 に示すように，各点の傾きと同時に初期条件として与えられた条件をもとに，独立変数 t の各点における関数値を求めることとなり，点 $(0, a)$ における方向場の矢印から始めて，それにつながる曲線を求めることと考えられる．

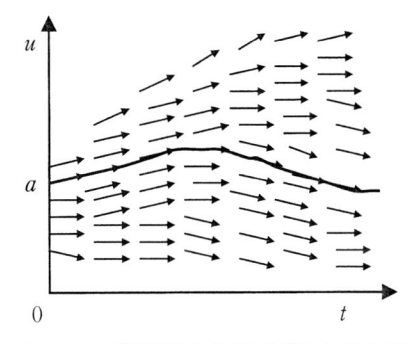

図 2.3 1 階常微分方程式が示す方向場と初期条件を満たす解曲線（文献[4]）

2.1.3 差分法（オイラー法）による近似解法

微分方程式の初期値問題を解くときに，数値解法あるいは連続系のシミュレーションと呼ばれている解法では，微分方程式で表されたダイナミックシステムを差分方程式に近似的に表したうえで，その差分方程式に初期値を代入して次の時点の関数値を計算することを逐次繰り返すことで，ダイナミックシステムの挙動を近似的に求めている．

関数 $u(t)$ が厳密に求まるならば，近似解法やシミュレーションは不要となる．ここでは，関数 $u(t)$ が厳密に求められないとして，与えられた du/dt（傾き）と $u(0)$（初期値）から，微少間隔 Δt ごと（$t_n = n\Delta t = t_{n-1} + \Delta t$ とする）の関数値 $u(t_1)$, $u(t_2)$, $u(t_3)$, …, $u(t_n)$ を求める．

今ここで，独立変数の微少間隔 Δt が十分に小さいとすれば，導関数 du/dt は次のように近似できる．

$$\frac{du}{dt} = \frac{\Delta u}{\Delta t}$$

$$= \frac{u(t+\Delta t) - u(t)}{\Delta t}$$

$$= \frac{u(t_{n+1}) - u(t_n)}{\Delta t}$$

また，関数値 $u(t_1)$, $u(t_2)$, $u(t_3)$, …, $u(t_n)$ の近似値を，u_1, u_2, u_3, …, u_n と置き換えて，上の式をもとの微分方程式に代入すると，以下のように表せる．

$$\frac{u_{n+1} - u_n}{\Delta t} = f(t_n, u_n)$$

さらにその式を変形すると，次のように表すことができる．

$$u_{n+1} = u_n + \Delta t f(t_n, u_n)$$

結局，先に示した問題は，次のような差分方程式で表せる．

$$u_{n+1} = u_n + \Delta t f(t_n, u_n) \quad (n=0,1,2,\cdots) \tag{2.2}$$
$$u_0 = a \tag{2.3}$$

以上のように微分方程式を差分方程式で近似的に表したら，それを使って u_0 から順に，u_1，u_2，…と求めることで，与えられた微分方程式の初期値問題の近似解が，次のように得られる．

$$u_0 = a$$
$$u_1 = u_0 + \Delta t f(t_0, u_0) = a + \Delta t f(t_0, a)$$
$$u_2 = u_1 + \Delta t f(t_1, u_1) = a + \Delta t f(t_0, a) + \Delta t f(t_1, u_1)$$
$$\vdots$$

例として，次の初期値問題をオイラー法によって求めることについて考える．

$$\frac{du}{dt} = u \quad (t > 0)$$
$$u(0) = 1$$

上の式は，オイラー法により導関数を近似し，$u(t_1)$，$u(t_2)$，$u(t_3)$，…，$u(t_n)$ の近似値を，u_1，u_2，u_3，…，u_n と置き換えて変形すると，次のような差分方程式で表すことができる．

$$u_0 = 1$$
$$u_{n+1} = u_n + \Delta t u_n = (1 + \Delta t) u_n \quad (n=0,1,2,\cdots)$$

与えられた常微分方程式を差分方程式で近似的に表した後は，独立変数の微小間隔 Δt を指定して，$n=1$ からの計算を順に繰返していくと，与えられた初期値問題の解が近似的に求められる．その際の計算は電卓でもプログラムでも可能であるが，ここでは Excel シートを使って求めてみる．表 2.1 には，上の初期値問題をオイラー法で近似計算する Excel シートを示す．ここでは，独立変数の微小間隔 Δt および与えられた関数の初期値 u_0 を設定すると，それに連動して独立変数の値 t_n と求める関数の値 u_n が計算される．

シート上のセル C4 には，関数の初期値 u_0 を指定する．また，セル B4，C5 には次のように，セル A2 に設定した独立変数の微小間隔 Δt を使用して，t_n，

表 2.1 1 階常微分方程式の初期値問題に対するオイラー法による近似解法のための Excel シートの例

	A	B	C
1	Δt		
2			
3	n	t_n	u_n
4	0	①	
5	1	↓	②
6	2	↓	↓
⋮	⋮	⋮	⋮
14	10	↓	↓

u_n を計算する次の計算式が入る．

① ＝A\$2＊A4
② ＝(1＋A\$2)＊C4

セル B4，C5 に上の計算式を入力した後は，それらのセルを矢印で示した方向に十分な範囲までコピーしておくことにより，独立変数の微小間隔 Δt に応じて望む範囲の関数値が計算される．たとえば，先ほどの例では，表 2.2 のような計算結果が得られる．

表 2.2 1 階常微分方程式の初期値問題に対するオイラー法による近似解法の計算結果例

	A	B	C
1	Δt		
2	0.1		
3	n	t_n	u_n
4	0	0	1.0000
5	1	0.1	1.1000
6	2	0.2	1.2100
⋮	⋮	⋮	⋮
14	10	10	2.5937

2.1.4 近似解法の幾何学的意味

上で述べた例における差分法による近似解法の幾何学的意味について考える．与えられた (2.1) 式の微分方程式は，求める関数 u の 1 階の導関数が関数 f に等しいと定義しており，幾何学的には求める関数 u が示す曲線において，その接線の傾きを関数 f が表すことを示す．したがって，(2.2) 式の差分方程式は，独立変数 t の 1 つ前の値 t_n における関数値 $u(t_n)$ に対する近似値 u_n をもとにして，その点 (t_n, u_n) において求める曲線の接線の傾き $f(t_n, u_n)$ を持つ直線を引き，その直線上の横軸 t に関して微小間隔 Δt だけ先の値 $u_n + \Delta t \cdot f(t_n, u_n)$ を，次の近似値 u_{n+1} としている．以上の関係は，図 2.4 のように示

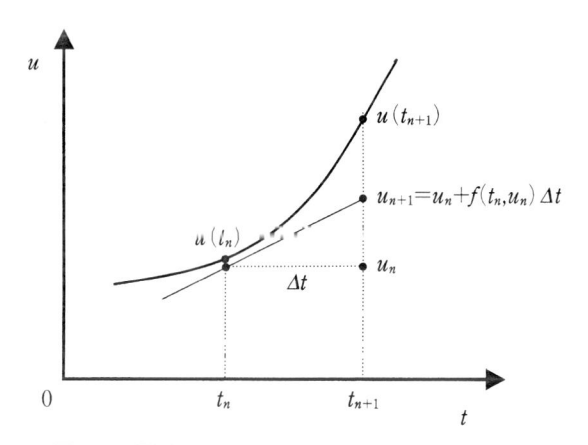

図 2.4 関数値 $u(t_{n+1})$ とその近似値（文献 [4]）

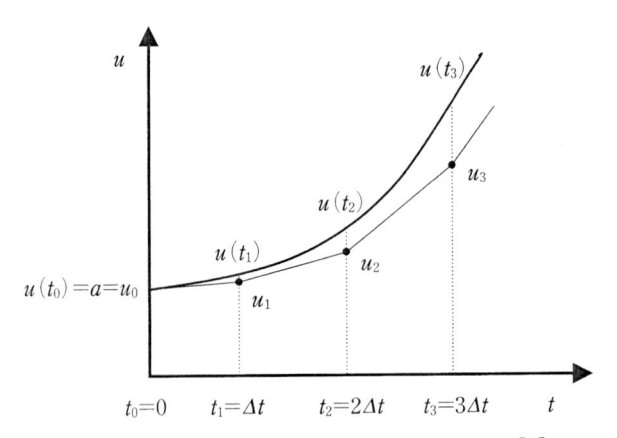

図 2.5 解曲線とその折れ線による近似（文献[4]）

される．

さらに，以上のように接線を使用した関数の近似を繰り返したときには，図 2.5 に示すように，近似値の点を通る接線からなる折れ線により，求める解曲線が近似されていると考えられる．

2.1.5 導関数の近似法とその近似度（精度）

差分法において微分方程式を差分方程式に近似的に表現する際には，導関数を近似する．そのときの導関数の近似法は，上で示したオイラー法以外にもいくつかの方法が考えられている．そのように導関数を近似したときの精度は，独立変数 t の微小間隔 Δt の影響を受けると同時に，導関数の近似法によりそのときの微小間隔 Δt の影響が異なる．ここでは，オイラー法，後退オイラー法，修正オイラー法，およびルンゲ・クッタ法それぞれにより 1 階の導関数を近似した場合の導関数の近似誤差を微小間隔 Δt の関数で表し，その次数により導関数の近似精度を近似度として表す．

a. オイラー法の近似度
オイラー法では，1 階の導関数 du/dt を次のように近似する．

$$\frac{du}{dt} = \frac{u(t_{n+1}) - u(t_n)}{\Delta t}$$

ここで問題とする関数 $u(t)$ が点 t_n で n 回微分可能としたときに，$u(t)$ は次のようにテイラー展開できる．

$$u(t_{n+1}) = u(t_n) + \Delta t u'(t_n) + \frac{1}{2!}(\Delta t)^2 u''(t_n) + \cdots$$

$$+ \frac{1}{(n-1)!}(\Delta t)^{n-1} u^{(n-1)}(t_n) + R_n$$

ここで，R_n は Δt の n 次以上の高次の残差項を表す．上式を変形して，導関数とその近似式との差異を求めると，次のように表すことができる．

$$\frac{u(t_{n+1})-u(t_n)}{\Delta t}-u'(t_n)=\frac{1}{2!}(\Delta t)^2 u''(t_n)+\cdots$$
$$+\frac{1}{(n-1)!}(\Delta t)^{n-2}u^{(n-1)}(t_n)+\frac{R_n}{\Delta t}$$
$$=O(\Delta t)$$

ここで，$O(\Delta t)$ は，問題とする関数が Δt の関数となり，その最低次数の項が1次であることを示している．このことから，オイラー法は1階の導関数 du/dt を $O(\Delta t)$ の誤差で近似しており，近似度が1であるといえる．

b． 後退オイラー法（後方オイラー法）

後退オイラー法では，1階の導関数 du/dt を次のように近似する．

$$\frac{du}{dt}=\frac{u(t_n)-u(t_{n-1})}{\Delta t}$$

後退オイラー法によると，(2.1)式の微分方程式は，次の差分方程式で表される．

$$u_{n+1}=u_n+\Delta t f(t_{n+1}, u_{n+1})$$

後退オイラー法による近似度も，オイラー法と同様に，問題とする関数 $u(t)$ をテイラー展開することにより，1階の導関数 du/dt を $O(\Delta t)$ の誤差で近似していることがわかり，近似度が1であるといえる（詳細な説明は省略，例題2.1.2参照）．

c． 修正オイラー法（中点法）

修正オイラー法では，1階の導関数 du/dt を次のように近似する．

$$\frac{du}{dt}=\frac{u(t_{n+1})-u(t_{n-1})}{2\Delta t}$$

修正オイラー法による近似度を求める．問題とする関数 $u(t)$ を点 $t+\Delta t$ で $\Delta t=\pm h$ としてテイラー展開すると，それぞれ次のように表すことができる．

$$u(t+h)=u(t)+hu'(t)+\frac{1}{2!}h^2 u''(t)+\frac{1}{3!}h^3 u'''(t)+\cdots$$
$$u(t-h)=u(t)-hu'(t)+\frac{1}{2!}h^2 u''(t)-\frac{1}{3!}h^3 u'''(t)+\cdots$$

それぞれの式を1階の導関数 $du/dt=u'(t)$ について整理すると，

$$u'(t)=+\frac{1}{h}u(t+h)-\frac{1}{h}u(t)-\frac{1}{2}hu''(t)-\frac{1}{6}h^2 u'''(t)-\cdots$$
$$u'(t)=-\frac{1}{h}u(t-h)+\frac{1}{h}u(t)+\frac{1}{2}hu''(t)-\frac{1}{6}h^2 u'''(t)+\cdots$$

上式の両辺をそれぞれ加えて2で割ると，次のように整理できる．

$$u'(t)=\frac{u(t+h)-u(t-h)}{2h}-\frac{1}{6}h^2 u'''(t)-\cdots$$
$$=\frac{u(t+h)-u(t-h)}{2h} \quad O(h^2)$$

これより1階の導関数 du/dt を先に示した式により，$O(\Delta t^2)$ の誤差で近似し

ていることがわかり，近似度が2であるといえる．

修正オイラー法によると，(2.1)式の微分方程式は，次の差分方程式で表される．

$$u_{n+1} = u_{n-1} + 2\Delta t f(t_n, u_n)$$

上の式から，修正オイラー法で逐次計算するためには，初期値 u_0 の他に u_1 も必要であることがわかる．その際には，修正オイラー以外の他の方法（たとえばオイラー法）により求める必要があり，そのときの誤差も影響することとなる．修正オイラー法自体の近似度が，上で述べたように2であっても，その計算のために必要な近似法を，たとえばオイラー法とすれば，その近似度1が，全体の近似度となる．

d. （近似度2の）ルンゲ・クッタ法

修正オイラー法では，近似度2であるものの，複数の点の近似値から次の近似値を計算することから，その近似法の近似度によっては，近似度が1になることもあることが示された．そのような影響を避けるために，複数の点で展開したもの（u の近似値）は，近似において利用しないようにしたうえで，$u(t)$ のテイラー展開において，$(\Delta t)^2 = h^2$ 以下の項を一致させることで，導関数 du/dt を近似する．

(2.1)式の微分方程式により問題とする関数 $u(t)$ のテイラー展開の2次までの項は，次のように表すことができる．

$$u_{n+1} = u_n + hu'_n + \frac{1}{2}h^2 u''_n \tag{2.4}$$

ここで，h の項は，与えられた (2.1)式より $u'_n = f_n$ となり，また h^2 の項は，関数 f が独立変数 t と関数 u の関数であることから，次のように表される．

$$\begin{aligned}
u''(t) &= \frac{d}{dt}f(t, u) \\
&= \frac{\partial f}{\partial t} + \frac{\partial f}{\partial u}\frac{\partial u}{\partial t} \\
&= \frac{\partial f}{\partial t} + \frac{\partial f}{\partial u}f
\end{aligned}$$

今，テイラー展開の2次以下の項に一致させる式を次のように定義する．

$$u_{n+1} = u_n + w_1 \phi_1 + w_2 \phi_2 \tag{2.5}$$

ここで，$\phi_1 = hf(t_n, u_n) = hf_n$，$\phi_2 = hf(t_n + \alpha h, u_n + \beta h f_n)$．

上の式における ϕ_2 をテイラー展開する．ただし，h^3 以降の項は省略する．

$$\phi_2 = h[f_n + (f_t)_n \alpha h + (f_u)_n \beta h f_n + \cdots]$$

上式を (2.5)式に代入する．

$$u_{n+1} = u_n + h(w_1 f + w_2 f)_n + h^2(w_2 \alpha f_t + w_2 \beta f_u f)_n \tag{2.6}$$

(2.4)式と (2.6)式の右辺の係数を比較して，

$$w_1 + w_2 = 1$$

$$w_2 \alpha = \frac{1}{2}$$
$$w_2 \beta = \frac{1}{2}$$

上式の解は一意に決まらないが，$\alpha=1/2$ とすると，$\beta=1/2$，$w_1=0$，$w_2=1$ となり，このとき，修正オイラー法と一致する．また，$\alpha=1$ とすると，$\beta=1$，$w_1=1/2$，$w_2=1/2$ となり，このときの差分方程式は，下記のようになる．

$$u_{n+1} = u_n + \frac{1}{2}(\phi_1 + \phi_2)$$

ただし，

$$\phi_1 = hf(t_n, u_n)$$
$$\phi_2 = hf(t_n+h, u_n+\phi_1)$$

この式は，（近似度2の）ルンゲ・クッタ法と呼ばれ，du/dt を近似度2で近似している．また，この方法では先に述べたように修正オイラー法で必要となった初期値以外の値も不要となる．

例題 2.1.1 たとえば，$\Delta t = 1/2, 1/4, 1/8, \cdots$ のときに，次の初期値問題をオイラー法によって $t=0$ を条件として以降の u の値を求め，その結果が $\Delta t \to 0$ でどのような関数に近づいていくか調べよ．

$$\frac{du}{dt} = u \quad (t>0)$$
$$u(0) = 1$$

ヒント ここで取り上げた問題は，先に例で示した問題と同一の問題であり，先に示した Excel シートを使用し，Δt を指定すると，そのときの関数値がオイラー法により近似計算されるので，$\Delta t = 1/2, 1/4, 1/8, \cdots$ それぞれに対する計算を行い，得られた結果を図示して検討すればよい．ただし，独立変数 t の値についても Δt の値に影響を受けることから，図示する際には，独立変数 t の値を示す横軸の値に対して注意が必要となる．また，与えられた常微分方程式を積分して，初期条件から求める関数 u を厳密に求めて得られた関数についても，図示したうえでそれらの関係を検討するとよい．

例題 2.1.2 後退オイラー法の近似度を求めよ．

ヒント オイラー法と同様，テイラー展開を利用する．ただし，オイラー法のように $u(t+h)$ ではなく，$u(t-h)$ を展開する必要があることに注意が必要である．

文　献

[1] 小池慎一："連続系シミュレーション"，CQ 出版社 (1988)．
[2] 薦田憲久，八川剛直："システムのモデリングとシミュレーション"，計測自動制御学会 (1995)．
[3] 大成幹彦："シミュレーション工学"，オーム社 (1993)．
[4] 高見穎郎，河村哲也："偏微分方程式の差分解法"，東京大学出版会 (1994)．

2.2 常微分方程式のいろいろな問題とその数値解法

前節では，微分方程式で表されたダイナミックシステムのうち，特に1階の常微分方程式に対して，差分方程式を逐次計算して特性を計算する初期値問題について述べた．この節では，常微分方程式におけるいろいろな問題として，連立1階常微分方程式や高階常微分方程式の初期値問題，さらには境界値問題について，前節と同様に差分方程式で近似して求める数値解法について述べる．

2.2.1 連立1階常微分方程式の初期値問題

m元連立1階常微分方程式の初期値問題は，「独立変数 t の m 個の関数 $u_i(t)$，$i=1,2,\cdots,m$ に対する連立1階常微分方程式，

$$\frac{du_i}{dt} = f_i(t, u_1, u_2, \cdots, u_m) \quad (i=1,2,\cdots,m)$$

を，初期条件

$$u_i(t_0) = u_{i,0} \quad (i=1,2,\cdots,m)$$

のもとで解く問題」と定義できる．

上のように定義される m 元連立1階常微分方程式の初期値問題に対して，差分法により数値計算する際には，まず連立する各微分方程式を，導関数の近似法（前節参照）のいずれかにより近似することにより，差分方程式に表現する．そのうえで，近似した差分方程式により，初期値，あるいはすでに求めた値から，m 個すべての関数値を計算して，刻み幅 h だけ進めて，次の関数値を計算することを繰り返すことで，問題とする関数値を近似計算する．

たとえば，上の m 元連立1階常微分方程式をオイラー法により差分方程式に近似した場合，次のように表されることから，$u_i(t_0)=u_{i,0}$ を条件として，$t_n = t_0 + nh$，$n=1,2,\cdots$ における m 元それぞれの関数値 u_i の近似値 $u_{i,n}$ を，$n=1$ から順に，

$$u_{i,n+1} = u_{i,n} + h f_i(t_n, u_{1,n}, \cdots, u_{m,n}) \quad (i=1,2,\cdots,m)$$

により求める．

2.2.2 高階常微分方程式の初期値問題

次に，問題とする独立変数 t の関数 $u(t)$ に対して2階以上の高階の導関数を含む m 階常微分方程式

$$\frac{d^m u}{dt^m} = f\left(t, u, \frac{du}{dt}, \frac{d^2 u}{dt^2}, \cdots, \frac{d^{m-1} u}{dt^{m-1}}\right)$$

を，初期条件

$$u(t_0) = u_0, \quad \left.\frac{du}{dt}\right|_{t=t_0} = u_0', \quad \cdots, \quad \left.\frac{d^{m-1} u}{dt^{m-1}}\right|_{t=t_0} = u_0^{(m-1)}$$

のもとで解く初期値問題に対する差分法について述べる．

この高階常微分方程式の初期値問題に対する差分法による近似解法は，直接的

2.2 常微分方程式のいろいろな問題とその数値解法

に差分近似する方法と，連立1階常微分方程式に帰着したうえで差分法で近似する方法が考えられている．

直接的に差分近似する方法： この方法では，高階の常微分方程式でも特に2階常微分方程式に対して，1階の導関数をオイラー法などで差分近似すると同時に，2階の導関数も以下のように直接的に差分近似する．

$$\frac{d^2 u}{dt^2} = \frac{u_{n+1} - 2u_n + u_{n-1}}{h^2}$$

その結果，与えられた常微分方程式は差分方程式に近似され，先に述べた逐次計算と同様に，初期値や求めた関数値を方程式に代入することにより，次の時点における関数値を計算していく．

連立1階常微分方程式に帰着する方法： この方法では，高階常微分方程式を連立1階常微分方程式に帰着したうえで差分法で近似する．先の導関数を直接近似する方法では，問題とする高階常微分方程式の階数によっては，適用できない場合も考えられるが，この差分法では階数にかかわらず適用可能である．

この方法では，まず次のように m 個の変数を導入する．

$$u = u_1$$
$$u' = u_1' = u_2$$
$$u'' = u_2' = u_3$$
$$\vdots$$
$$u^{(m-1)} = u_{m-1}' = u_m$$

その結果，もとの m 階常微分方程式は，次のように m 元連立1階常微分方程式で表される．

$$u_1' = u_2$$
$$u_2' = u_3$$
$$\vdots$$
$$u_{m-1}' = u_m$$
$$u_m' = f(t, u_1, u_2, u_3, \cdots, u_m)$$

結果として，もとの m 階常微分方程式の初期値問題は，上の m 元連立1階常微分方程式を次の初期値を条件として解く初期値問題に帰着できる．

$$u_1(t_0) = u_0, \ u_2(t_0) = u_0', \ \cdots, \ u_m(t_0) = u_0^{(m-1)}$$

上で述べた高階常微分方程式の初期値問題に対する差分法による数値計算について，2つの例を紹介する．

a. 自由振動 ばね（ばね定数 k），ダッシュ・ポット（弾性定数 c），および物体（質量 m）からなる系（図2.6）の自由振動は，運動方程式から次のような2階の常微分方程式で表される．

$$m\frac{d^2 y}{dt^2} + c\frac{dy}{dt} + ky = 0$$

この微分方程式を初期条件 $y(t_0) = y_0$, $y'(t_0) = y_0'$ のもとで求める．すなわち，関数値 $y(t)$ を求める．

上の微分方程式は，2階の常微分方程式の中でも，定数係数の2階線形同次常微分方程式であり，厳密解を求めることも可能である（詳しくは微分方程式に関する文献，たとえば [5] 参照）．しかし，ここではあえて差分法による近似解法により求める場合について述べる．

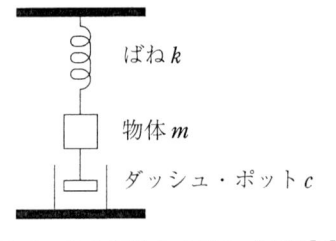

図 2.6 自由振動のモデル（文献[2]）

差分法により近似的に数値計算するためには，まず変数 y_1, y_2 を導入し，

$$y = y_1$$
$$\frac{dy}{dt} = y_2$$

とおく．そうすると，もとの微分方程式は，次のように2元連立1階常微分方程式で表せる．

$$\frac{dy_1}{dt} = y_2$$
$$\frac{dy_2}{dt} = -\frac{c}{m}y_2 - \frac{k}{m}y_1$$

上の連立常微分方程式において，1階の導関数 dy_1/dt, dy_2/dt をオイラー法により差分近似することにより，次のように差分方程式で表すことができる．

$$y_{1,n+1} = y_{1,n} + h y_{2,n}$$
$$y_{2,n+1} = y_{2,n} - h\left(\frac{c}{m}y_{2,n} + \frac{k}{m}y_{1,n}\right)$$

与えられた2階の常微分方程式を上のように連立1階差分方程式に表した後は，初期条件 $y_{1,0} = y_0$, $y_{2,0} = y_0'$ として，独立変数 t の刻み幅（微小間隔）h を指定して，$t = h, 2h, 3h, \cdots$ のときの y_1 の値 $y_{1,n}$ を $n=1$ から順に計算していくと，与えられた初期値問題の解が近似的に求められる．その際の計算について

表 2.3 自由振動の初期値問題に対する差分法による近似解法のための Excel シートの例

	A	B	C	D
1	m	c	k	h
2				
3	n	t_n	$y_{1,n}$	$y_{2,n}$
4	0	①		
5	1	↓	②	③
6	2	↓	↓	↓
⋮	⋮	⋮	⋮	⋮

も，ここでは 2.1 節と同様，Excel シートを使って求めてみる．表 2.3 には，上の自由振動の初期値問題を差分法で近似計算する Excel シートを示す．

シート上のセル A2, B2, C2, D2 には，定数 m, c, k の値，および独立変数の刻み幅 h を指定する．また，セル C4, D4 は，関数 y_1, y_2 の初期値を指定する．シート上のセル B4, C5, D5 には，次のようにセル A2, B2, C2, D2 に設定した定数や独立変数の刻み幅を使用して，t_n, $y_{1,n}$, $y_{2,n}$ を計算する次の計算式が入る．

①＝D$2＊A4
②＝C4＋D$2＊D4
③＝D4－D$2＊(B$2/A$2＊D4＋C$2/A$2＊C4)

セル B4, C5, D5 に上の計算式を入力した後は，それらのセルを矢印で示した方向に十分な範囲までコピーしておくことにより，定数 m, c, k や独立変数の刻み幅 h に応じて望む範囲の関数値が計算される．たとえば，この例では，表 2.4 のような計算結果が得られる．

b. LCM 相互誘導回路（相互インダクタ）

図 2.7 に示す LCM 相互誘導回路を流れる電流 i_1, i_2 の挙動を求める．

この LCM 相互誘導回路を流れるそれぞれの電流 i_1, i_2 の関係式は，次のような 2 元連立 2 階常微分方程式で表すことができる．

$$L_1 \frac{di_1}{dt} + \frac{q_1}{C_1} + M\frac{di_2}{dt} = E$$

$$L_2 \frac{di_2}{dt} + \frac{q_2}{C_2} + M\frac{di_1}{dt} = 0$$

これらの式における電流 i_1, i_2 をそれぞれ電荷 q_1, q_2 に置き換えて書き直すと，次のように表すことができる．

$$L_1 \frac{d^2 q_1}{dt^2} + \frac{q_1}{C_1} + M\frac{d^2 q_2}{dt^2} = E$$

表 2.4 自由振動の初期値問題に対する差分法による近似解法の計算結果例

	A	B	C	D
1	m	c	k	h
2	0.1	0.1	0.1	0.1
3	n	t_n	$y_{1,n}$	$y_{2,n}$
4	0	0.00	0.0000	1.0000
5	1	0.10	0.1000	0.9000
6	2	0.20	0.1900	0.8000
:	:	:	:	:
14	10	1.00	0.568	0.0992
:	:	:	:	:

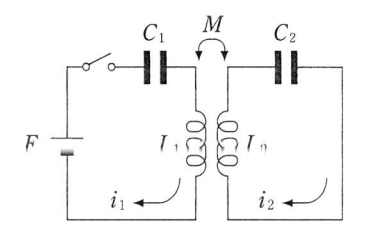

図 2.7 LCM 相互誘導回路（文献[2]）

$$L_2\frac{d^2q_2}{dt^2}+\frac{q_2}{C_2}+M\frac{d^2q_1}{dt^2}=0$$

その連立微分方程式を電荷それぞれの2階の導関数により整理すると，次のように表すことができる．

$$\frac{d^2q_1}{dt^2}=\frac{L_2}{L_1L_2-M^2}E-\frac{L_2}{(L_1L_2-M^2)C_1}q_1+\frac{M}{(L_1L_2-M^2)C_2}q_2$$

$$\frac{d^2q_2}{dt^2}=\frac{-M}{L_1L_2-M^2}E+\frac{M}{(L_1L_2-M^2)C_1}q_1-\frac{L_1}{(L_1L_2-M^2)C_2}q_2$$

上の2元連立2階常微分方程式を差分法による近似解法で求める手順を示す．ここでは，2元2階連立常微分方程式を4元1階連立常微分方程式に帰着させたうえで，それらに含まれる1階の導関数を差分近似し，差分方程式に表す．そのためにまず，関数 y_1, y_2, y_3, y_4 を導入し，

$$q_1=y_1$$

$$\frac{dq_1}{dt}=y_2 \quad (=i_1)$$

$$q_2=y_3$$

$$\frac{dq_2}{dt}=y_4 \quad (=i_2)$$

とおくと，もとの微分方程式は，次のように4元1階常微分方程式で表せる．

$$\frac{dy_1}{dt}=y_2$$

$$\frac{dy_2}{dt}=\frac{L_2}{L_1L_2-M^2}E-\frac{L_2}{(L_1L_2-M^2)C_1}y_1+\frac{M}{(L_1L_2-M^2)C_2}y_3$$

$$\frac{dy_3}{dt}=y_4$$

$$\frac{dy_4}{dt}=\frac{-M}{L_1L_2-M^2}E+\frac{M}{(L_1L_2-M^2)C_1}y_1-\frac{L_1}{(L_1L_2-M^2)C_2}y_3$$

上の連立常微分方程式における1階の導関数 dy_1/dt, dy_2/dt, dy_3/dt, dy_4/dt をオイラー法などにより差分近似した式を代入すると，その結果として4元連立差分方程式が得られる．得られた差分方程式を使って，与えられた初期値や求めた前の時点の関数値から，$t=h$, $2h$, $3h$, …のときの y_1, y_2, y_3, y_4 の関数値を逐次計算すると，電流の挙動 y_2, y_4 が得られる．

この問題に対しても，ここでは先と同様，Excelシートを使って求めてみる．表2.5には，上のLCM相互誘導回路の初期値問題を差分法で近似計算するExcelシートを示す．

シート上のセル A2, B2, C2, D2, E2, F2, G2 には，定数 L_1, L_2, C_1, C_2, M, E の値，および独立変数の刻み幅 h を指定する．また，セル C4, D4, E4, F4 は，関数 y_1, y_2, y_3, y_4 の初期値を指定する．セル B4, C5, D5, E5, F5 には次のように，セル A2, B2, C2, D2, E2, F2 に設定した定数や独立変

表 2.5 LCM 相互誘導回路の初期値問題に対する差分法による近似解法のための Excel シートの例

	A	B	C	D	E	F	G
1	L_1	L_2	C_1	C_2	M	E	h
2							
3	n	t_n	$y_{1,n}$	$y_{2,n}$	$y_{3,n}$	$y_{4,n}$	
4	0	①					
5	1	↓	②	③	④	⑤	
6	2	↓	↓	↓	↓	↓	
⋮	⋮	⋮	⋮	⋮	⋮	⋮	

数の刻み幅を使用して, t_n, $y_{1,n}$, $y_{2,n}$, $y_{3,n}$, $y_{4,n}$ を計算する次の計算式が入る.

① ＝G$2＊A4

② ＝C4＋G$2＊D4

③ ＝D4＋G$2/(A$2＊B$2－E$2＊E$2)＊(B$2＊F$2－B$2/C$2＊C4＋E$2/D$2＊E4)

④ ＝E4＋G$2＊F4

⑤ ＝F4＋G$2/(A$2＊B$2－E$2＊E$2)＊(－E$2＊F$2＋E$2/C$2＊C4－A$2/D$2＊E4)

セル B4, C5, D5, E5, F5 に上の計算式を入力した後は, それらのセルを矢印で示した方向に十分な範囲までコピーしておくことにより, 独立変数の刻み幅 h に応じて望む範囲の関数値が計算される. たとえば, 上の例では, 表 2.6 のような計算結果が得られる.

表 2.6 LCM 相互誘導回路の初期値問題に対する差分法による近似解法の計算結果例

	A	B	C	D	E	F	G
1	L_1	L_2	C_1	C_2	M	E	h
2	1.0	1.0	3.0	3.0	0.1	1.0	0.1
3	n	t_n	$y_{1,n}$	$y_{2,n}$	$y_{3,n}$	$y_{4,n}$	
4	0	0.00	0.0000	0.0000	0.0000	0.0000	
5	1	0.10	0.0000	0.1010	0.0000	−0.0101	
6	2	0.20	0.0101	0.2020	−0.0010	−0.0202	
⋮	⋮	⋮	⋮	⋮	⋮	⋮	
11	10	1.00	0.1171	0.9692	0.0440	0.0929	
⋮	⋮	⋮	⋮	⋮	⋮	⋮	

2.2.3 常微分方程式の境界値問題

これまで問題とする常微分方程式の階数などの違いにより, いろいろな問題について述べてきたが, いずれも初期値問題であった. ここでは, 境界値問題に対

する差分法について述べる．

常微分方程式の境界値問題は，「独立変数の関数に対する常微分方程式に対して，異なった2つ以上の点で関数値あるいは導関数値が与えられているときに，与えられた微分方程式を解く問題」と定義できる．たとえば次のように，独立変数 t の関数 $u=u(t)$ に対する常微分方程式

$$\frac{d^2u}{dt^2}=f(t,u) \quad (0<t<1)$$

を，条件 $u(0)=a$, $u(1)=b$ のもとで解く問題が考えられる．ここで，$f(t,u)$ は，与えられた t と u の関数で，適当になめらかであるとする．

常微分方程式の初期値問題に対する差分法では，与えられた常微分方程式を差分方程式に近似し，与えられた初期値やそれまでに求めた関数値を差分方程式に代入することで求める関数値を逐次計算していた．しかし，初期値のみならずそれ以外の点における関数値が境界条件として与えられると，これまでのように初期値から逐次計算するわけにはいかなくなる．そのためこの境界値問題に対する差分法による近似解法では，次のように計算する．まず，境界値として与えられた2点間を次のように N 等分する．

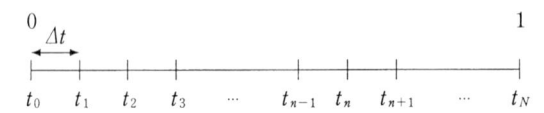

続いて，与えられた微分方程式を差分方程式に近似する．その際，微分方程式に含まれる導関数は，これまで述べたオイラー法などにより，次のように近似する．

$$\frac{d^2u}{dt^2}=\frac{u_{n+1}-2u_n+u_{n-1}}{(\Delta t)^2}$$

$$\frac{du}{dt}=\frac{u_{n+1}-u_{n-1}}{2\Delta t}$$

そのように導関数を近似すると，たとえば，$d^2u/dt^2=f(t)$ は，

$$u_{n+1}-2u_n+u_{n-1}=(\Delta t)^2 f(n\Delta t)$$

の差分方程式に近似される．

以上のように，差分方程式で表された後は，それぞれの点における差分方程式を連立させて，関数値を一括して求める．したがって，境界値が与えられた区間を N 等分し，未知の関数値が $N-1$ 点で近似される場合には，$N-1$ 元連立差分方程式を解くこととなる．たとえば，先に示した常微分方程式を差分近似した場合には，次のような $N-1$ 元連立差分方程式で表される．

$$u_2-2u_1+u_0=(\Delta t)^2 f(\Delta t)$$
$$u_3-2u_2+u_1=(\Delta t)^2 f(2\Delta t)$$
$$u_4-2u_3+u_2=(\Delta t)^2 f(3\Delta t)$$

$$\vdots$$
$$u_{N-1} - 2u_{N-2} + u_{N-3} = (\Delta t)^2 f((N-2)\Delta t)$$
$$u_N - 2u_{N-1} + u_{N-2} = (\Delta t)^2 f((N-1)\Delta t)$$

　得られた連立差分方程式を解くためには，一般の連立方程式の解法が応用可能であるが，得られた連立方程式の特徴を利用すると，簡単な代入計算により求めることができる．そのためにまず，得られた差分方程式を行列方程式で次のように表現する．ただしここで，$u_0 = a$，$u_N = b$ とする．

$$\begin{bmatrix} -2 & 1 & & & & 0 \\ 1 & -2 & 1 & & & \\ & 1 & -2 & 1 & & \\ & & \ddots & \ddots & \ddots & \\ & & & 1 & -2 & 1 \\ 0 & & & & 1 & -2 \end{bmatrix} \begin{bmatrix} u_1 \\ u_2 \\ u_3 \\ \vdots \\ u_{N-2} \\ u_{N-1} \end{bmatrix} = \begin{bmatrix} (\Delta t)^2 f(\Delta t) - a \\ (\Delta t)^2 f(2\Delta t) \\ (\Delta t)^2 f(3\Delta t) \\ \vdots \\ (\Delta t)^2 f((N-2)\Delta t) \\ (\Delta t)^2 f((N-1)\Delta t) - b \end{bmatrix}$$

　得られた行列方程式は，次のように数値的に求めることができる．まず，表された行列方程式は，次のように表すことができる．

$$A\boldsymbol{u} = \boldsymbol{k}$$

ここで，

$$A = \begin{bmatrix} b_1 & c_1 & & & & 0 \\ a_2 & b_2 & c_2 & & & \\ & a_3 & b_3 & c_3 & & \\ & & \ddots & \ddots & \ddots & \\ & & & a_{N-2} & b_{N-2} & c_{N-2} \\ 0 & & & & a_{N-1} & b_{N-1} \end{bmatrix}, \quad \boldsymbol{u} = \begin{bmatrix} u_1 \\ u_2 \\ u_3 \\ \vdots \\ u_{N-2} \\ u_{N-1} \end{bmatrix}, \quad \boldsymbol{k} = \begin{bmatrix} k_1 \\ k_2 \\ k_3 \\ \vdots \\ k_{N-2} \\ k_{N-1} \end{bmatrix}$$

ガウスの消去法により，$\boldsymbol{u}$ の係数行列を対角要素が 1 の次のような上三角行列に変換する．

$$\begin{bmatrix} 1 & w_1 & & & & 0 \\ & 1 & w_2 & & & \\ & & 1 & w_3 & & \\ & & & \ddots & \ddots & \\ & & & & 1 & w_{N-2} \\ 0 & & & & & 1 \end{bmatrix} \boldsymbol{u} = \begin{bmatrix} g_1 \\ g_2 \\ g_3 \\ \vdots \\ g_{N-2} \\ g_{N-1} \end{bmatrix}$$

ただし，

$$w_1 = \frac{c_1}{b_1}$$

$$w_n = \frac{c_n}{b_n - a_n w_{n-1}} \quad (n = 2, 3, \cdots, N-2)$$

$$g_1 = \frac{k_1}{b_1}$$

$$g_n = \frac{k_n - a_n g_{n-1}}{b_n - a_n w_{n-1}} \quad (n=2,3,\cdots,N-1)$$

関数値は，求めた結果を使って，u_{N-1} から後進代入して次のように計算することにより得られる．

$$u_{N-1} = g_{N-1} \tag{2.7}$$

$$u_n = g_n - w_n u_{n+1} \quad (n=N-2, N-3, \cdots, 1) \tag{2.8}$$

ここで示したような 2 階常微分方程式に対する境界値問題は，上で示した係数行列の変換により代入計算で求められることから，Excel シートを使った計算も可能である（なお，Excel の「ツール」→「オプション」→「計算方法」において，「反復計算」を指定することにより，循環参照に対して反復計算されることにより，指定する最大反復回数，変化の最大値に対する計算結果を得ることもできる）．

例として次のような 2 階常微分方程式の境界値問題を考える．

$$\begin{cases} \dfrac{d^2 u}{dt^2} = t & (0 < t < 1) \\ u(0) = 1, \ u(1) = 0 \end{cases}$$

この問題を差分近似して差分方程式で表し，さらにその連立差分方程式を行列方程式で表した後，上で示したような係数行列の変換を利用して，境界値問題を差分法で近似計算する Excel シートの例が表 2.7 のように示される．

シート上のセル A2 に境界の間を等分する数 N を指定する．シート上の①，②，$\cdots$，⑬には次のように，セル A2 で設定した等分する区間の数 N を使用して，等分した区間の各点 t_n における差分方程式の係数 a_n，b_n，c_n，k_n，および，それらの連立差分方程式を行列方程式で表したときの係数行列を上三角行列に変換したときの係数 w_n，g_n，さらにそれらから関数値 u_n を計算する次の計算式が入る．

①＝1/A2

表 2.7 境界値問題に対する差分法による近似解法のための Excel シートの例

	A	B	C	D	E	F	G	H	I
1	N	Δt							
2		①							
3	n	t_n	a_n	b_n	c_n	k_n	w_n	g_n	u_n
4	1	③	0	⑤	⑥	⑦	⑨	⑪	⑬
5	②	↓	④	↓	↓	⑧	⑩	⑫	↓
6	↓	↓	↓	↓	↓	↓	↓	↓	↓
⋮	⋮	⋮	⋮	⋮	⋮	⋮	⋮	⋮	⋮

② =IF(A4<A$2-1,A4+1,"")
③ =IF(A4<A$2,A4*B$2,"")
④ =IF(A5<=A$2,1,"")
⑤ =IF(A4<A$2,-2,"")
⑥ =IF(A4<A$2-1,1,IF(A4=A$2-1,0,""))
⑦ =B$2*B$2*B4-1
⑧ =IF(A5<A$2-1,B$2*B$2*B5,IF(A5=A$2-1,B$2*B$2*B5-0,""))
⑨ =E4/D4
⑩ =IF(A5<A$2-1,E5/(D5-C5*G4),"")
⑪ =F4/D4
⑫ =IF(A5<A$2,(F5-C5*H4)/(D5-C5*G4),"")
⑬ =IF(A4<A$2,IF(A4=A$2-1,H4,H4-G4*I5),"")

上で示したセルに上の計算式を入力した後は，それらのセルを矢印で示した方向に十分な範囲までコピーしておくことにより，セル A2 で設定する区間の数 N に応じてその数に等分された各点の関数値が計算される．たとえば，$N=10$ と指定すると，表 2.8 のような計算結果が得られる．

表 2.8 境界値問題に対する差分法による近似解法の結果例

	A	B	C	D	E	F	G	H	I
1	N	Δt							
2	10	0.1							
3	n	t_n	a_n	b_n	c_n	k_n	w_n	g_n	u_n
4	1	0.1	0	-2	1	-0.9990	-0.5000	0.4995	0.8835
5	2	0.2	1	-2	1	0.0020	-0.6667	0.3317	0.7680
⋮	⋮	⋮	⋮	⋮	⋮	⋮	⋮	⋮	⋮
11	8	0.8	1	-2	1	0.0080	-0.8889	0.0884	0.1520
12	9	0.9	1	-2	0	0.0090		0.0715	0.0715
13									

例題 2.2.1 b. で示した LCM 相互誘導回路において，$i_1=i_2=0$, $q_1=q_2=0$, $E=1$, $L_1=L_2=1$, $C_1=C_2=3$, $M=0.1$ のときの電流 i_1, i_2 の挙動を求めて，図示してみよ．

ヒント 例で示した Excel シートを使用するなどして，連立 2 階常微分方程式が 4 元連立差分方程式で表したうえで，指定した刻み幅ごとの電流の値，電荷の値を計算する．そのうちの電流の値を図示すればよい．

例題 2.2.2 微分方程式の境界値問題

$$\begin{cases} \dfrac{d^2u}{dt^2}=t & (0<t<1) \\ u(0)=1, \ u(1)=0 \end{cases}$$

の近似解を，$\Delta t=1/5$ として差分法により計算せよ．結果を厳密解と比較してみよ．

ヒント 与えられた微分方程式を差分近似したうえで，境界値間の区間を等分に区切った点において差分方程式を連立させて，上で示したように行列式で表して，消去法などにより求めると，各点における関数値が得られる．また，例で示したExcelシートを使用すると，境界値間を等分する区間の数を指定することで，それらの点における関数値が計算される．厳密解は，与えられた微分方程式を積分すると，境界条件により求める関数が容易に得られる．

文　　　献

[1] バーガ，R.S.（著），渋谷政昭（訳）："計算機による大型行列の反復解法"，サイエンス社（1972）．
[2] 小池慎一："連続系シミュレーション"，CQ出版社（1988）．
[3] 小門純一，八田夏夫："数値計算法の基礎と応用"，森北出版（1988）．
[4] 高見穎郎，河村哲也："偏微分方程式の差分解法"，東京大学出版会（1994）．
[5] 柳田英二，栄伸一郎："常微分方程式論（講座数学の考え方7）"，朝倉書店（2002）．

2.3 偏微分方程式とその数値解法

前の節までは，微分方程式で表されたダイナミックシステムのうち，特に独立変数が1つの常微分方程式の初期値問題や境界値問題に対して，差分法により近似的に差分方程式で表したうえで，逐次計算，あるいは一括計算する数値解法について述べた．この節では，偏微分方程式，すなわち複数の独立変数による微分方程式に対して，差分法による解法について述べる．偏微分方程式の問題，解法を整理した後，差分法による解法として，陽解法，陰解法，および反復解法の応用について述べる．

2.3.1 偏微分方程式の問題とその解法

偏微分方程式は，2個以上の独立変数と未知関数および偏導関数を含む方程式であるが，従来よりいろいろな現象を表す偏微分方程式が提案されているばかりでなく，提案された偏微分方程式の解である関数値を求めるための解法についても従来よりいろいろな解法が提案されている．ここでは，シミュレーションということで，先に述べてきた常微分方程式の解法と同様，数値計算について述べる．特にタイムスライスシミュレーションということで，独立変数として時間変数の含まれる，放物型や双曲型の偏微分方程式に対する数値計算について述べる．

2.3.2 偏微分方程式に対する数値計算：差分法による解法

偏微分方程式に対して数値計算するためには，偏微分方程式に含まれる偏導関数を差分近似することにより，偏微分方程式を差分方程式で表す必要がある．

偏微分方程式でも上で示したように独立変数が2つの偏微分方程式で表される関数 $u(x,y)$ の独立変数 x，y を，h，k 刻みで次のように定義する．

$$x_i = x_0 + ih \quad (i=0,1,2,\cdots)$$

2.3 偏微分方程式とその数値解法

$$y_j = y_0 + jk \quad (j = 0, 1, 2, \cdots)$$

また，独立変数 (x_i, y_j) のときの関数値を $u(x_i, y_j) = u_{i,j}$ と表示する．

これにより，問題とする関数 $u(x, y)$ に対する2つの独立変数 (x, y) の2次元平面のうち，それぞれを定義した刻みごとのみ取り扱う．結果として，2つの独立変数の2次元平面が，図2.8で示されるように，それぞれの刻みごとの格子点のときの関数値を求めることで，問題とする関数の近似計算を行う．さらに，独立変数のうち1つが時間変数の場合は，タイムスライスシミュレーションと呼ぶこともできる．

問題とする関数の独立変数それぞれを刻みごとの値のみ取り扱うことを前提としたうえで，偏微分方程式に含まれる偏導関数を次のように差分近似する．

まず，1階偏導関数については，次のように差分近似される．

・前進差分近似（常微分方程式の導関数におけるオイラー法，近似度1：$O(h)$, $O(k)$）

$$\left(\frac{\partial u}{\partial x}\right)_{i,j} = \frac{u_{i+1,j} - u_{i,j}}{h}$$

$$\left(\frac{\partial u}{\partial y}\right)_{i,j} = \frac{u_{i,j+1} - u_{i,j}}{k}$$

・後退差分近似（常微分方程式の導関数における後退オイラー法，近似度1）

$$\left(\frac{\partial u}{\partial x}\right)_{i,j} = \frac{u_{i,j} - u_{i-1,j}}{h}$$

$$\left(\frac{\partial u}{\partial y}\right)_{i,j} = \frac{u_{i,j} - u_{i,j-1}}{k}$$

・中心差分近似（常微分方程式の導関数における修正オイラー法，近似度2：$O(h^2)$, $O(k^2)$）

$$\left(\frac{\partial u}{\partial x}\right)_{i,j} = \frac{u_{i+1,j} - u_{i-1,j}}{2h}$$

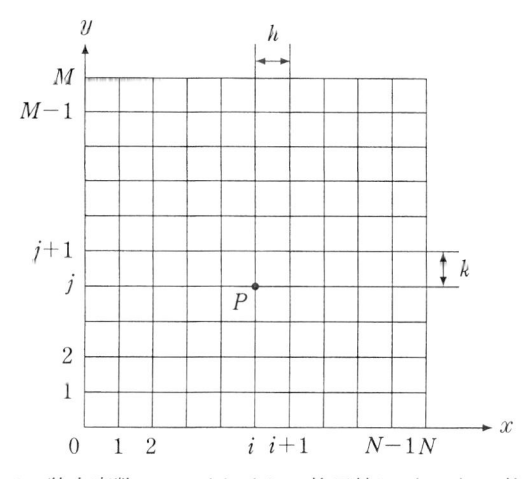

図 2.8　独立変数 x, y それぞれの格子線と (x, y) の格子点

$$\left(\frac{\partial u}{\partial y}\right)_{i,j} = \frac{u_{i,j+1} - u_{i,j-1}}{2k}$$

また，2階の偏導関数，すなわち，それぞれの独立変数に関する2階の偏導関数，および両方の独立変数の1階ずつの偏導関数は，次のように差分近似される（いずれの差分近似も，近似度2：$O(h^2)$, $O(hk)$, $O(k^2)$）

$$\left(\frac{\partial^2 u}{\partial x^2}\right)_{i,j} = \frac{u_{i+1,j} - 2u_{i,j} + u_{i-1,j}}{h^2}$$

$$\left(\frac{\partial^2 u}{\partial x \partial y}\right)_{i,j} = \frac{u_{i+1,j+1} - u_{i+1,j-1} - u_{i-1,j+1} + u_{i-1,j-1}}{4hk}$$

$$\left(\frac{\partial^2 u}{\partial y^2}\right)_{i,j} = \frac{u_{i,j+1} - 2u_{i,j} + u_{i,j-1}}{k^2}$$

偏微分方程式を差分方程式で表した後，その差分方程式の解法として，陽解法，陰解法，および連立方程式の反復解法の応用について述べる．

2.3.3 陽（的）解法（explicit method）

この解法は，初期値問題，初期値境界値問題に対して，初期条件をもとにその次の時点を求め，さらにそれをもとにその次の時点を求めることを繰り返す．そのように繰り返し計算するためには，差分方程式で表す際に，次の時点の未知関数値が1つの格子点のみであることが必要となる．

例 代表的な放物型方程式である1次元熱伝導方程式を，次の初期値，境界値条件で解く問題を考える．

$$\frac{\partial u}{\partial t} = a^2 \frac{\partial^2 u}{\partial x^2} \quad (0 \leq x \leq 1, \ 0 \leq t \leq \infty)$$

初期条件： $u(x,0) = \begin{cases} x & (0 \leq x \leq 1/2) \\ 1-x & (1/2 \leq x \leq 1) \end{cases}$

境界条件： $u(0,t) = 0, \ u(1,t) = 0$

この問題に対して，まず偏微分方程式に含まれる偏導関数を次のように差分近似する．

$$\frac{u_{i,j+1} - u_{i,j}}{k} = a^2 \frac{u_{i+1,j} - 2u_{i,j} + u_{i-1,j}}{h^2}$$

ここで，$u(x_i, t_j) = u_{i,j}$, $x_i = hi$, $t_j = kj$．

上の差分方程式を変形して，

$$u_{i,j+1} = (1 - 2r) u_{i,j} + r(u_{i+1,j} + u_{i-1,j})$$

ここで，$r = a^2 k / h^2$．

上の差分方程式では，時間変数である独立変数 t の j 番目の格子点における関数値として，$u_{i,j}$, $u_{i+1,j}$, および $u_{i-1,j}$ が含まれるが，独立変数 t の次の $j+1$ 番目の格子点における関数値は，$u_{i,j+1}$ が含まれているだけである．したがって，前者の値が与えられたら，後者の値が求められる．その特徴を利用して，上の差分方程式を利用して，まず $j=1$ におけるすべての i に対する関数値 $u_{i,1}$ を，

初期条件および境界条件として与えられた関数値 $u_{i,0}$, $u_{i+1,0}$, $u_{i-1,0}$ から求める．その次に時間変数 t の格子点 j を1つ進めたときの関数値 $u_{i,2}$ を同様に求める．同様な計算を繰り返すことで，関数値 $u_{i,j}$ を $j=1,2,\cdots$ と計算していく[1]．

上で示した熱伝導方程式の初期値境界値問題について，Excel シートを使って陽解法により求めてみる．陽解法では，独立変数は複数あり，また初期条件のみならず境界条件は与えられているが，常微分方程式の初期値問題に対する差分法と同様に，関数値を初期値から順次近似計算していく方法である．そのため，Excel シートを使った計算でも，先の常微分方程式の初期値問題に対する計算と同様の計算となる．表2.9には，上の熱伝導方程式の境界値問題を陽解法で近似計算する Excel シートを示す．

シート上のセル A2, B2, C2 では，独立変数 x の境界値間を等分する区間の数 N, 独立変数 t の刻み幅 k, および熱伝導方程式の定数 a の値を指定する．セル D2, E2, D3, C4, B5, C5, C6 には，次のように，セル A2, B2, C2 に設定した定数や独立変数の刻み幅を使用して，独立変数 x の刻み幅 h (①)，2つの独立変数に対する刻み幅の条件 r (②)，独立変数 x の添え字 i (③) とその値 x_i (④)，独立変数 t の値 t_j (⑤)，求める関数の初期条件 $u_{i,0}$ (⑥)，および求める関数値 $u_{i,j}$ (⑦，ただし，$x=0,1$ のときの境界条件も含む) を計算する次の計算式が入る．

①＝1/A2
②＝C2＊C2＊B2/D2/D2
③＝IF(C3<$A$2,C3+1,"")
④＝IF(C3<=$A$2,C3＊$D$2,"")
⑤＝A5＊B$2
⑥＝IF(C4<=0.5,C4,IF(C4<=1,1-C4,""))

表 2.9 熱伝導方程式の境界値問題を陽解法で近似計算する Excel シートの例

	A	B	C	D	E	F
1	N	k	a	h	r	
2				①	②	
3			0	③	→	→
4	j	t_j	④	→	→	→
5	0	⑤	⑥	→	→	→
6	1	↓	⑦	→	→	→
7	2	↓	↓	↓	↓	↓
⋮	⋮	⋮	⋮	⋮	⋮	⋮
25	20	↓	↓	↓	↓	↓

---

[1] 注意：この陽解法を適用する際，刻み幅の関係により解が安定しない場合がある（上の例では，$r \leq 1/2$ ならば安定）ことに注意する必要がある．

表 2.10　熱伝導方程式の境界値問題を陽解法で近似計算した計算結果例

	A	B	C	D	E	F	...	I	J
1	N	k	α	h	r		...		
2	7	0.01	1.0	0.1429	0.4900		...		
3			0	1	2	3	...	6	7
4	j	t_j	0	0.1429	0.2857	0.4286	...	0.8571	1.0000
5	0	0.0000	0.0000	0.1429	0.2857	0.4286	...	0.1429	0.0000
6	1	0.0100	0.0000	0.1429	0.2857	0.3586	...	0.1429	0.0000
7	2	0.0200	0.0000	0.1429	0.2514	0.3229	...	0.1429	0.0000
⋮	⋮	⋮	⋮	⋮	⋮	⋮	...	⋮	⋮
25	20	0.2000	0.0000	0.0226	0.0408	0.0508	...	0.0226	0.0000

⑦＝IF(OR(C\$4＝0,C\$4＝1),0,
　　IF(C\$4＜1,(1－2＊\$E\$2)＊C5＋\$E\$2＊(B5＋D5),""))

セルD2，E2，D3，C4，B5，C5，C6に上の計算式を入力した後は，D3，C4，B5，C5，C6のセルを十分な範囲まで表に示したようにコピーしておくことにより，独立変数 x を等分する区間の数 N，独立変数 t の刻み幅 k，定数 α に応じて望む範囲の関数値が計算される．たとえば，$N=7$，$k=0.01$，$\alpha=1.0$ に設定すると，先ほどの例では，表 2.10 のような計算結果が得られる．

2.3.4　陰（的）解法（implicit method）

　この解法は，初期値問題，初期値境界値問題に対して，初期条件をもとにその次の時点を連立方程式で表したうえで，次の時点のすべての格子点における関数値をまとめて求め，さらにそれをもとにその次の時点を求めることを繰り返す．そのように次の時点の関数値を連立して一括計算するためには，差分方程式で表す際に，次の時点の未知関数値が複数の格子点である必要がある．さらに，すべての独立変数に関して境界値が与えられる境界値問題に対しては，境界条件をもとにすべての格子点に関する差分方程式を連立方程式（$(m-1)(n-1)$ 次元）で表してまとめて解く．

例（陽解法の例と同じ例）　まず，偏微分方程式を次のように Crank-Nicolson 法と呼ばれる方法で差分近似する．

$$\frac{u_{i,j+1}-u_{i,j}}{k}=\alpha^2\frac{1}{2}\left\{\frac{u_{i+1,j+1}-2u_{i,j+1}+u_{i-1,j+1}}{h^2}+\frac{u_{i+1,j}-2u_{i,j}+u_{i-1,j}}{h^2}\right\}$$

上の差分方程式を変形して，

$$-ru_{i-1,j+1}+(2+2r)u_{i,j+1}-ru_{i+1,j+1}=ru_{i-1,j}+(2-2r)u_{i,j}+ru_{i+1,j}$$

ここで，$r=\alpha^2 k/h^2$．

　上のように差分近似した差分方程式では，時間変数である独立変数 t の j 番目の格子点における関数値として，$u_{i,j}$，$u_{i+1,j}$，および $u_{i-1,j}$ が含まれるだけでなく，独立変数 t の次の $j+1$ 番目の格子点における関数値も，$u_{i-1,j+1}$，$u_{i,j+1}$，お

および $u_{i+1,j+1}$ が含まれている．したがって，前者の値が与えられたとしても，後者の複数の値を求めるために，独立変数 t の $j+1$ における関数値 $u_{i,j+1}$ を求める差分方程式を連立させ一括して求める．すなわち，初期条件として与えられている $j=0$ における関数値 $u_{i,0}$ をもとに，$j=1$ における $i=1,2,\cdots,m-1$ の差分方程式を連立させて，$j=1$ におけるすべての i に対する $u_{i,1}$ を求め，その次に求めた関数値をもとにして，$j=2,\cdots$，と計算していく[2]．

陰解法による近似計算についても，陽解法で示した初期条件と境界条件を条件とする場合を例として，Excel シートを使った例を示してみる．上で示したように，陽解法では，常微分方程式の初期値問題に対する差分法と同様の計算法となったが，陰解法では，差分方程式で表された，独立変数 t が同じときの関係式を連立させ一括して求めることを繰り返す．ただし，2 階微分方程式であることから，連立させる関係式を行列方程式で表したときの係数行列が 2.2 節で述べた境界値問題と同様，容易に上三角行列に変形でき，その結果として，関数値は代入計算を逐次繰り返すことにより求められる．このことを利用すると，陽解法で示した問題についても陰解法による近似計算に Excel シートの利用が可能となる．表 2.11 には，上の熱伝導方程式の境界値問題を陰解法で近似計算する Excel シートを示す．

シート上のセル D2，E2，D3，C4，B5，C5，C6 には，陽解法と同様，セル A2，B2，C2 に設定した定数や独立変数の刻み幅を使用して，独立変数 x の刻み幅 h（①），2 つの独立変数に対する刻み幅の条件 r（②），独立変数 x の添え字 i（③）とその値 x_i（④），独立変数 t の値 t_j（⑤），求める関数の初期条件 $u_{i,0}$（⑥），および求める関数値 $u_{i,j}$（⑦，ただし，$x=0$，1 のときの境界条件も含む）を計算する式が入るが，そのうちの①から⑥は，表 2.9 に示した陽解法による Excel シートと同じ式が入る．残りの⑦には，次の計算式が入る．

表 2.11 熱伝導方程式の境界値問題を陰解法で近似計算する Excel シート Sheetu の例

	A	B	C	D	E	F
1	N	k	a	h	r	
2				①	②	
3			0	③	→	→
4	j	t_j	④	→	→	→
5	0	⑤	⑥	→	→	→
6	1	↓	⑦	→	→	→
7	2	↓	↓	↓	↓	↓
⋮	⋮	⋮	⋮	⋮	⋮	⋮
25	20	↓	↓	↓	↓	↓

---
[2] 注意：この解法では，陽解法とは異なり，刻み幅に関係なく安定した解が得られる．

⑦＝IF(OR(C\$3＝0,C\$3＝\$A\$2),0,
　　IF(C\$3＜\$A\$2－1,'Sheetg'!C6－'Sheetw'!C6＊D6,
　　IF(C\$3＝\$A\$2－1,'Sheetg'!C6,"")))

ここで，Sheetg，Sheetw は，2.2 節において境界値問題を連立方程式で表し，行列計算により求める計算過程において使用した変数 g_i および w_i を求める Excel シートを示しており，それぞれ表 2.12 の (c)，(d) に示す．さらに，それらのシートにおいて利用する係数を計算する 2 つのシートとして，与えられた境界値問題における独立変数 t の値 t_j に対して，独立変数 x の各値に関する差分方程式を連立させて求める係数行列を表すシート Sheetabc，Sheetk を，それぞれ表 2.12 の (a)，(b) に示す．

これらのシート上の①，②，③は，陽解法と同様（ただし，陽解法では同じシート内のセルのみを利用していたが，これらのシートでは別のシート Sheetu のセルを利用するため，セルの前にシートを指定する 'Sheetu'! をつける必要がある），表 2.11 で示した Excel シート Sheetu のセル A2，B2，C2 に設定した定数や独立変数の刻み幅を使用して，独立変数 x の添え字 i（①）とその値 x_i

表 2.12 熱伝導方程式の境界値問題を陰解法で近似計算するための係数行列の計算用 Excel シートの例

(a) 係数 a_i, b_i, c_i 計算シート Sheetabc

	A	B	C	D	E	F
1						
2						
3			0	①	→	→
4			②	→	→	→
5		a_i		④	→	→
6		b_i		⑤	→	→
7		c_i		⑥	→	→
8						

(b) 係数 k_i 計算シート Sheetk

	A	B	C	D	E	F
1						
2						
3			0	①	→	→
4	j	t_j	②	→	→	→
5	0	③				
6	1	↓		⑦	→	→
7	2	↓		↓	↓	↓
⋮	⋮	⋮		⋮	⋮	⋮
25	20	↓		↓	↓	↓

(c) 変数 w_i 計算シート Sheetw

	A	B	C	D	E	F
1						
2						
3			0	①	→	→
4	j	t_j	②	→	→	→
5	0	③				
6	1	↓		⑧	⑨	→
7	2	↓		↓	↓	↓
⋮	⋮	⋮	⋮	⋮	⋮	⋮
25	20	↓		↓	↓	↓

(d) 変数 g_i 計算シート Sheetg

	A	B	C	D	E	F
1						
2						
3			0	①	→	→
4	j	t_j	②	→	→	→
5	0	③				
6	1	↓		⑩	⑪	→
7	2	↓		↓	↓	↓
⋮	⋮	⋮		⋮	⋮	⋮
25	20	↓		↓	↓	↓

（②），および独立変数 t の値 t_j（③）を計算する式が入る．また，係数 a_i, b_i, c_i 計算シート Sheetabc のセル D5～D7 には，係数 a_i, b_i, c_i が独立変数 t の値によらず一定の値となることから，表 2.11 で示した Excel シート Sheetu で設定した定数や独立変数の刻み幅を使用して，独立変数 x の各点における差分方程式の係数 a_i, b_i, c_i を計算する次の式が入る．

　　④＝IF(D3=1,0,IF(D3<'Sheetu'!$A$2,-'Sheetu'!$E$2,""))
　　⑤＝IF(D3<'Sheetu'!$A$2,2+2*'Sheetu'!$E$2,"")
　　⑥＝IF(D3<'Sheetu'!$A$2-1,-'Sheetu'!$E$2,
　　　　IF(D3='Sheetu'!$A$2-1,0,""))

係数 k_i 計算シート Sheetk のセル D6 には，係数 k_i が独立変数 x と同時に独立変数 t によっても異なる値となることから，表 2.11 で示した Excel シート Sheetu で設定した定数や独立変数の刻み幅を使用して，独立変数 x および t の各点における差分方程式の右辺の値 k_i を計算する次の式が入る．

　　⑦＝IF(D$3<'Sheetu'!$A$2,'Sheetu'!$E$2*'Sheetu'!C5
　　　　+(2-2*'Sheetu'!$E$2)*'Sheetu'!D5+'Sheetu'!$E$2*'Sheetu'!E5,"")

独立変数 t のある点 t_j において独立変数 x の各点に対する連立差分方程式の係数 a_i, b_i, c_i, および k_i が Sheetabc および Sheetk で計算されると，2.2 節の境界値問題に対する差分法で説明した消去法により，連立差分方程式を行列方程式で表した係数行列を上三角行列に変換することで，求める関数値を代入計算できるようになる．変数 w_i 計算シート Sheetw のセル D6, E6 には，その変換の過程で得られる変数 w_1，および $w_i (i=2,3,\cdots,N-1)$ の値を計算する次の式が入る．

　　⑧＝'Sheetabc'!D$7/'Sheetabc'!D$6
　　⑨＝IF (E$3<'Sheetu'!$A$2-1,
　　　　'Sheetabc'!E$7/('Sheetabc'!E$6-'Sheetabc'!E$5*D6),"")

変数 g_i 計算シート Sheetg のセル D6, E6 には，その変換の過程で得られる変数 g_1，および g_i $(i=2,3,\cdots,N-1)$ の値を計算する次の式が入る．

　　⑩＝'Sheetk'!D6/'Sheetabc'!D$6
　　⑪＝IF(E$3<'Sheetu'!$A$2,
　　　　('Sheetk'!E6-'Sheetabc'!E$5*D6)
　　　　/('Sheetabc'!E$6-'Sheetabc'!E$5*'Sheetw'!D6),"")

これらの Excel シートを使って，たとえば $N=7$, $k=0.01$, $a=1.0$ に設定すると，表 2.13（次頁）のような計算結果が得られる．

2.3.5 連立方程式の反復解法（Gauss-Seidel 法）の応用

この解法は，初期値問題や境界値問題に対して，初期条件や境界条件の一部をもとに，求める格子点の関数値を逐次求め，すべての格子点について求めたら，さらに反復計算し，前回と今回の関数値の相対誤差の総和がある値以下になるま

表 2.13 熱伝導方程式の境界値問題を陰解法で近似計算した結果例

Sheetu

	A	B	C	D	E	F	...	I	J
1	N	k	α	h	r		...		
2	7	0.01	1.0	0.1429	0.4900		...		
3			0	1	2	3	...	6	7
4	j	t_j	0	0.1429	0.2857	0.4286	...	0.8571	1.0000
5	0	0.0000	0.0000	0.1429	0.2857	0.4286	...	0.1429	0.0000
6	1	0.0100	0.0000	0.1412	0.2759	0.3704	...	0.1412	0.0000
7	2	0.0200	0.0000	0.1356	0.2550	0.3291	...	0.1356	0.0000
⋮	⋮	⋮	⋮	⋮	⋮	⋮	⋮	⋮	⋮
25	20	0.2000	0.0000	0.0250	0.0450	0.0562	...	0.0250	0.0000

(a) 係数 a_i, b_i, c_i 計算シート Sheetabc

	A	B	C	D	E	F	...	I	J
1							...		
2							...		
3			0	1	2	3	...	6	7
4			0.0000	0.1429	0.2857	0.4286	...	0.8571	1.0000
5		a_i		0.0000	-0.4900	-0.4900	...	-0.4900	
6		b_i		2.9800	2.9800	2.9800	...	2.9800	
7		c_i		-0.4900	-0.4900	-0.4900	...	-0.4900	
8							...		

(b) 係数 k_i 計算シート Sheetk

	A	B	C	D	E	F	...	I	J
1							...		
2							...		
3			0	1	2	3	...	6	7
4	j	t_j	0.0000	0.1429	0.2857	0.4286	...	0.8571	1.0000
5	0	0.0000					...		
6	1	0.0100		0.2857	0.5714	0.7871	...	0.2857	
7	2	0.0200		0.2792	0.5321	0.6945	...	0.2792	
⋮	⋮	⋮	⋮	⋮	⋮	⋮	⋮	⋮	⋮
25	20	0.2000		0.0524	0.0944	0.1178	...	0.0524	

(c) 変数 w_i 計算シート Sheetw

	A	B	C	D	E	F	...	I	J
1							...		
2							...		
3			0	1	2	3	...	5	6
4	j	t_j	0.0000	0.1429	0.2857	0.4286	...	0.7143	0.8571
5	0	0.0000					...		
6	1	0.0100		-0.1644	-0.1690	-0.1691	...	-0.1691	
7	2	0.0200		-0.1644	-0.1690	-0.1691	...	-0.1691	
⋮	⋮	⋮	⋮	⋮	⋮	⋮	⋮	⋮	⋮
25	20	0.2000		-0.1644	-0.1690	-0.1691	...	-0.1691	

(d) 変数 g_i 計算シート Sheetg

	A	B	C	D	E	F	...	I	J
1							...		
2							...		
3			0	1	2	3	...	6	7
4	j	t_j	0.0000	0.1429	0.2857	0.4286	...	0.8571	1.0000
5	0	0.0000					...		
6	1	0.0100		0.0959	0.2133	0.3078	...	0.1412	
7	2	0.0200		0.0937	0.1994	0.2734	...	0.1356	
⋮	⋮	⋮	⋮	⋮	⋮	⋮	⋮	⋮	⋮
25	20	0.2000		0.0176	0.0355	0.0467	...	0.0250	

2.3 偏微分方程式とその数値解法

で繰り返す．そのように繰り返し計算するためには，差分方程式で表す際に，未知関数値を1つとし，それ以外は既知関数値を利用する差分方程式とする必要がある．そのときの既知関数値は，条件として与えられた関数値かすでに求めた関数値である．この反復解法では，反復的に計算することにより前回計算した関数値も利用できることから，既知関数値として，今回すでに求めた格子点の関数値に加えて，前回までに求めた関数値も利用する．

例（陽解法の例と同じ例）　まず，偏微分方程式の差分近似としては，陰解法と同様，Crank-Nicolson法を利用して，次の時点の未知関数値が複数の格子点とする．すなわち，陰解法で示した差分方程式の左辺第1項と第3項を右辺に移行して両辺を $2+2r$ で割って次のように変形する．

$$u_{i,j+1} = \frac{r}{2+2r}(u_{i-1,j+1} + u_{i+1,j+1}) + b_i$$

ここで，

$$b_i = \frac{1}{2+2r}\{ru_{i-1,j} + (2-2r)u_{i,j} + ru_{i+1,j}\}$$

上のように差分近似した差分方程式では，陰解法で示した差分方程式を変形しただけであることから，その差分方程式と同様，時間変数である独立変数 t の j 番目の格子点における関数値として，$u_{i,j}$，$u_{i+1,j}$，および $u_{i-1,j}$ が含まれるだけでなく，独立変数 t の次の $j+1$ 番目の格子点における3つの関数値 $u_{i-1,j+1}$，$u_{i,j+1}$，および $u_{i+1,j+1}$ が含まれている．その未知関数値のうち，$u_{i,j+1}$ を今求める関数値とし，陽解法と同様に順次求めていくとすると，$u_{i-1,j+1}$ はその順次求める計算において1つ前の計算により求められた関数値となる．残りの $u_{i+1,j+1}$ を反復計算における前回求めた関数値として既知関数値とすると，未知関数値は $u_{i,j+1}$ のみとなり，陽解法と同様に順次計算することが可能となる．

そのような考え方に基づいて，上の差分方程式において，第 l 回目の反復計算で求めた関数値を $u_{i,j}^{(l)}$ として書き直すと，

$$u_{i,j+1}^{(l+1)} = \frac{r}{2+2r}(u_{i-1,j+1}^{(l+1)} + u_{i+1,j+1}^{(l)}) + b_i^{(l+1)}$$

ここで，

$$b_i^{(l+1)} = \frac{1}{2+2r}\{ru_{i-1,j}^{(l+1)} + (2-2r)u_{i,j}^{(l+1)} + ru_{i+1,j}^{(l+1)}\}$$

上において，$u_{i+1,j+1}$ のみ前回，すなわち第 l 回目の反復計算で求めた関数値 $u_{i+1,j+1}^{(l)}$，それ以外は今回，すなわち第 $l+1$ 回目の反復計算で求めた関数値となっている．

上の差分方程式を使って次のように順次計算すると同時に，その計算を反復する．独立変数の格子点 (i,j) における関数値を，$(1,1)$，$(2,1)$，$\cdots$，$(m-1,1)$，$(1,2)$，$(2,2)$，$\cdots$，$(m-1,n-1)$ と $(m-1)\times(n-1)$ 個の格子点の関数値を順に求めていく．そのうえで，次式により，収束を判定しながら，収束

するまで上の逐次計算を反復する．

$$\frac{\sum_{i=1}^{m-1}\sum_{j=1}^{n-1}\left|u_{i,j}^{(l+1)} - u_{i,j}^{(l)}\right|}{\sum_{i=1}^{m-1}\sum_{j=1}^{n-1}u_{i,j}^{(l+1)}} \leq \varepsilon$$

　反復解法による近似計算についても，陽解法で示した初期条件と境界条件を条件とする問題について，Excel シートを使った例を示してみる．表 2.14 には，上の熱伝導方程式の境界値問題を反復解法で近似計算する Excel シートを示す．

　反復計算の第 1 回目（Excel シートの 5～25 行目）は陽解法により求めることから，これらのシート上の①，②，…，⑦については，陽解法で示した表 2.9 におけるそれらと同じ式が入る．ただし，ここでは反復回数を示す A 列を追加している関係で，各列が 1 列ずつ右にずれていることに注意する必要がある．

　反復計算の第 2 回目以降（Excel シートの 26 行目以降）のうち，独立変数 t_0 のときの関数の初期値については，第 1 回目と同様に設定する（表 2.14 の⑤，⑥参照）．それ以外の値を計算する⑧については，上で示した差分方程式をもとにした次の式が入る．

⑧＝IF(OR(D$4=0,D$4=1),0,IF(D$4<1,
　$E$2/(2+2*$E$2)*(C27+E6)+1/(2+2*$E$2)

表 2.14　熱伝導方程式の境界値問題を反復解法で近似計算する Excel シートの例

	A	B	C	D	E	F	G
1	N	k	α	h	r		
2				①	②		
3				0	③	→	→
4	l	j	t_j	④	→	→	→
5	1	0	⑤	⑥	→	→	→
6		1	↓	⑦	→	→	→
7		2	↓	↓	↓	↓	↓
⋮		⋮	⋮	⋮	⋮	⋮	⋮
25		20	↓	↓	↓	↓	↓
26	2	0	⑤	⑥	→	→	→
27		1	↓	⑧	→	→	→
28		2	↓	↓	↓	↓	↓
⋮		⋮	⋮	⋮	⋮	⋮	⋮
46		20	↓	↓	↓	↓	↓
47	3						
48							
49		↓ (26～46 行のコピー)					
⋮							
67							

2.3 偏微分方程式とその数値解法

表 2.15 熱伝導方程式の境界値問題を反復解法で近似計算した結果例

	A	B	C	D	E	F	G	…	J	K
1	N	k	α	h	r			…		
2	7	0.01	1.0	0.1429	0.4900			…		
3				0	1	2	3	…	6	7
4	l	j	t_j	0	0.1429	0.2857	0.4286	…	0.8571	1.0000
5	1	0	0.0000	0.0000	0.1429	0.2857	0.4286	…	0.1429	0.0000
6		1	0.0100	0.0000	0.1429	0.2857	0.3586	…	0.1429	0.0000
7		2	0.0200	0.0000	0.1429	0.2514	0.3229	…	0.1429	0.0000
⋮										
25		20	0.2000	0.0000	0.0226	0.0408	0.0508	…	0.0226	0.0000
26	2	0	0.0000	0.0000	0.1429	0.2857	0.4286	…	0.1429	0.0000
27		1	0.0100	0.0000	0.1429	0.2742	0.3682	…	0.1413	0.0000
28		2	0.0200	0.0000	0.1353	0.2532	0.3270	…	0.1360	0.0000
⋮										
46		20	0.2000	0.0000	0.0230	0.0415	0.0519	…	0.0234	0.0000
47	3	0	0.0000	0.0000	0.1429	0.2857	0.4286	…	0.1429	0.0000
48		1	0.0100	0.0000	0.1410	0.2755	0.3706	…	0.1412	0.0000
49		2	0.0200	0.0000	0.1352	0.2544	0.3289	…	0.1357	0.0000
⋮										
67		20	0.2000	0.0000	0.0234	0.0423	0.0530	…	0.0239	0.0000

*(\$E\$2*C26+(2−2*\$E\$2)*D26+\$E\$2*E26),""))

ここで示した Excel シートを使って，たとえば，先に陽解法や陰解法で示した例と同様，$N=7$，$k=0.01$，$\alpha=1.0$ に設定すると，表 2.15 のような計算結果が得られる．

なお，この例では，収束判定のための計算を考えていないが，そのための Excel シートを別に用意したうえで，各反復計算において計算された関数値と前回の関数値との差の合計を今回の関数値合計で割った値が指定した水準 ε と比較すると，収束判定も Excel シート上で行なうことができる．

例題 2.3.1 例で示した熱伝導方程式において，

初期条件： $u(x,0)=\begin{cases} x & (0\leq x\leq 1/2) \\ 1-x & (1/2\leq x\leq 1) \end{cases}$

境界条件： $u(0,t)=0$, $u(1,t)=0$

また，$\alpha=1$ として，x と t の刻み幅 h，k が，$k/h^2<0.5$ の場合について，$t=0$，k，$2k$ のときの関数値を陽解法で求めて，その結果を図示してみよ．

ヒント 陽解法の説明で示したように，与えられた熱伝導方程式を差分方程式で表すことができれば，その後は与えられた初期値と境界値を使用することで，指定した独立変数 x と t の刻み幅ごとに順次関数値を近似計算することができる．先に示した Excel シート例は，ここ

で与えられた条件と同じ条件に対する例であり，それと同じ Excel シートを使って求めることもできる．さらに Excel では，結果を図示することも容易にできる．

例題 2.3.2 上の課題において，$k/h^2>0.5$ の場合についても同様に関数値を陽解法で求めて，その結果を図示し，上の課題の結果と比較検討してみよ．

ヒント 独立変数 x と t の刻み幅を，ここで示された条件を満たすように設定すれば，その後の計算方法としては上の課題と同様の方法により，関数値を求めればよい．

文　献

[1] ファーロウ，S. J.（著），伊理正夫，伊理由美（訳）:"微分方程式:科学者・技術者のための使い方と解き方"，啓学出版 (1983)．
[2] スミス，G. D.（著），藤川洋一郎（訳）:"コンピュータによる偏微分方程式の解法（新訂版）"，サイエンス社 (1996)．
[3] 高見穎郎，河村哲也:"偏微分方程式の差分解法"，東京大学出版会 (1994)．
[4] 登坂宣好，大西和榮:"偏微分方程式の数値シミュレーション"，東京大学出版 (1991)．
[5] 山崎郭滋:"偏微分方程式の数値解法入門"，森北出版 (1993)．

2.4　システムダイナミックス

我々の社会に存在する多くのシステムは，細かく調べれば多くの構成要素を含んでいるうえに，それらの構成要素間の関係には不確実なものやあいまいなものが含まれている場合もある．そのような状況にあっても，分析の目的に密接に係わる重要な構成要素のみを選び出すとともに，それらの因果関係を明確にしてモデル化し分析することは，システムの特徴的振舞いを調べたり，システムの改善を検討するうえで有益である．本節では，このような考え方に基づくモデル化とシミュレーションのための技法であるシステムダイナミックス（system dynamics）について述べる．

2.4.1　レベルとレート

システムダイナミックスでは，レベル（level）とレート（rate）という2つの重要な変数を用いる．レベルとは，システムの状態を表すものであり，時の流れを止めても意味のあるものである．たとえば，池の中の水の量や日本の人口などが挙げられる．一方，レートとはシステム内の流れを表すもので，池に流れ込む1日あたりの水の量（l/日），年あたりの出生数（人/年）が先のレベルに対応したレートの例となる．レベルはレートによってその状態が時間とともに変化する．一方，レートは時間の幅に対して定められ，レベルの状態によって変化する．

システムダイナミックスでは，このレートが時間の経過とともに連続的に変化するとみなし，レベル，レートともに通常は実数として扱われる．水が対象であれば連続的な扱いは自然であるが，人口は本来は整数値である．しかしながら，

たとえば日本の少子高齢化の進み具合を検討する場合には，人口を連続的な値と見なして問題ない．レートの連続的な変化は，コンピュータ上では時間軸上の時間間隔を短くして直線に近似して取り扱うことになる．なお，レベルのことをストック（stock），レートのことをフロー（flow）と呼ぶこともある．

2.4.2 因果ループ図

システムダイナミックスで最も重要な図が因果ループ図（causal loop diagram）である（この図は影響図（influence diagram）とも呼ばれる [1]）．ここでは空調機を例に用いて因果ループ図を説明する．

空調機は，寒い冬には温風を出して部屋を暖め，設定された温度に室温を保つように機能する．そこで，「空調機が単位時間に放出する熱量」，「室内の熱量」，「室温」，「設定温度と室温の差」という4つの変数に着目したとき，それらの関係を表したのが図2.9である．ここで，図の中には実線と破線があるが，実線は物理的な流れに対応しており，それは何らかの結果を意味する．一方，破線は情報のフィードバックや行動の生成に対応している．なお，両者を区別しないで，ともに実線を用いる場合もある．また，これらの線は向きが与えられた矢印となっており，矢印の終端部分に＋（プラス）もしくは－（マイナス）の記号が付されている．矢印は影響を与える方向（言い換えれば，原因から結果の方向）を示しており，＋や－の記号の意味は以下の通りである．

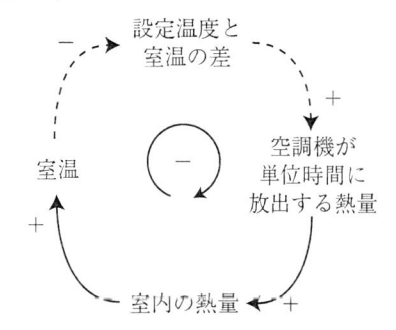

図2.9　空調機の因果ループ図（文献[1]を参考に作図）

- 矢印の開始位置にある変数の値が増加したときに，矢印の終端の変数も増加する関係にあれば＋の記号を，逆に減少する関係にあれば－の記号を書き込む．なお，これらの増減を検討する際には，その他の変数はすべて一定であると仮定する．

以上の準備のもとで，図2.9を具体的に検討してみる．実線の始まる「空調機が単位時間に放出する熱量」から始めよう．部屋が非常に寒いときには急速暖房によって多量の熱が放出されるであろうし，比較的暖かい時には，あまり熱が放出されないであろう．いずれにしても，熱が放出されると，それは部屋内の熱量の増加につながる．そこで，矢印の終端に＋の記号が付いている．また，部屋内の熱量が増えれば部屋の温度も上昇するため，両者をつなぐ矢印にも＋が付いている．

はとんどの空調機には希望の温度を設定する機能がある．設定温度に対し，室温がどの程度近いか，すなわち（設定温度）－（室温）が，図の一番上の「設定温度と室温の差」である．部屋が暖かくなるに従ってこの差は小さくなるため，矢

印の終端には−が付いている．またこの流れは，部屋の温度を測定して設定温度との差をとるという情報処理を表すため，破線となっている．最後に，温度差が大きくなる場合を考えると，それは部屋の温度が設定温度よりかなり低いことを意味するため，空調機は部屋を急速に暖めるために単位時間あたりの熱量を増加させる．よって矢印の終端に＋が付されている．またこの部分も空調機内の情報の流れにあたるため，破線を用いている．

2.4.3　正のループと負のループ

　図2.9の任意の変数からスタートして矢印の方向に進むとスタート地点に戻るが，このような再び元にもどる構造をもつシステムはフィードバックシステムと呼ばれる．システムダイナミックスが対象とするシステムはフィードバックシステムが含まれるものが多い．このフィードバックのループには正のループと負のループがある．

　図2.9の中のいずれかの変数に着目し，その変数が増加した場合を考えてみる．たとえば，図右にある「空調機が単位時間に放出する熱量」に着目する．これが増加すると，「部屋内の熱量」が増加し，「室温」が増加する．これは「設定温度と室温の差」を小さくするが，この差が小さいと，開始点である「放出する熱量」が減少することになる．よってこのループは室温をある値に維持しようと機能する．あるループに着目して矢印に沿って−の記号の数を調べ，それが奇数であれば負の（negative）ループといわれる．負のフィードバックはシステムの状態をある目標に維持しようと機能するため，空調機に限らず多くのシステムが負のフィードバックを含んでいる．図2.9の中央には，このループが負であることをわかりやすく示すために，ループの向きを矢印で示す円と−の記号を書き添えている．

　一方，正のフィードバックシステムも存在する．例としてよく挙げられるのが預金や都市の人口増加である（文献[4], [6]）．銀行にお金を預けると利息がつく．利息が加わって元金が増えれば利息の額も次第に増えるため，預金を引き出すことなくそのまま長く預けておくと雪だるま式にお金が増えることになる．あるいは，「都市の人口が増えれば就職のチャンスが増えるため，郊外から人が集まり，さらに都市の人口が増える．」というのも身近な実例である．これらの因果ループ図を書くと矢印の終点はすべて＋になるが，先の負のループと同様に，ループに沿って−の数を数えて，それがゼロか偶数であれば，そのループは正の（positive）ループという．正のループはたとえば企業の成長の説明に適しており，しばしば実際の経営問題などにみられる．ただし，正のループを無限に回すことは一般に不可能である．先ほどの預金においても，ループが回っているうちに預金者の寿命が尽きてしまう．都市の人口の例も，ある程度の人口に達すると先に挙げた要因以外のもの，たとえば土地不足や社会基盤の整備遅れなどが強く影響しはじめて，人口増加に歯止めがかかるであろう．よって，正のループが1

2.4 システムダイナミックス　　　63

つだけのシステムはあまり現実的ではなく，対象をよく分析すれば複数のループが複雑に関係したものとなっているはずである．

2.4.4 問　題　例

ここでは，自然界で繰り広げられるドラマ，捕食者・被食者（predator/prey）システムをとりあげる．具体的には，ウサギとそれを捕食するオオカミの生存競争である．オオカミはウサギを餌としており，オオカミが増えすぎるとウサギが減って結果としてオオカミも次々と死んでしまう．そうすると天敵がいなくなってウサギの数が増え始め，再びオオカミも数を増やすという話である．いうまでもなくウサギとオオカミの生存を脅かすものは自然界にたくさん存在するが，ここでは，文献[2]に基づき以下のような簡単な設定に限定し，お互いの関係をもう少し具体的に検討してみる．

ウサギとオオカミの生活圏は100ヘクタール（ha）の面積であり，最初はウサギが6000羽，オオカミが125匹いるとする．平均してウサギは1羽が1年で1.25羽の子を，オオカミは1匹が1年で0.25匹の子を産むものとする．ウサギの餌は十分あるものとし，死ぬ原因はオオカミの餌食になることだけとする．一方，オオカミの餌はウサギだけであるとする．オオカミの狩猟の範囲は1haとし，平均して1ha内にいるウサギが餌食となる．よって，ウサギが死ぬ数は，ウサギの総数とオオカミの総数に依存する．また，オオカミの死ぬ率は1年間に何羽のウサギを捕獲したかに依存し，その数をxとしたとき，1匹のオオカミが死ぬ率を$0.5-0.005x$とする．ただしxは99以下の値とし，それを超える場合は一律に0.005とする．このような条件のもとで，この先24年間でウサギとオオカミの数がどのように変化するかを知りたい．

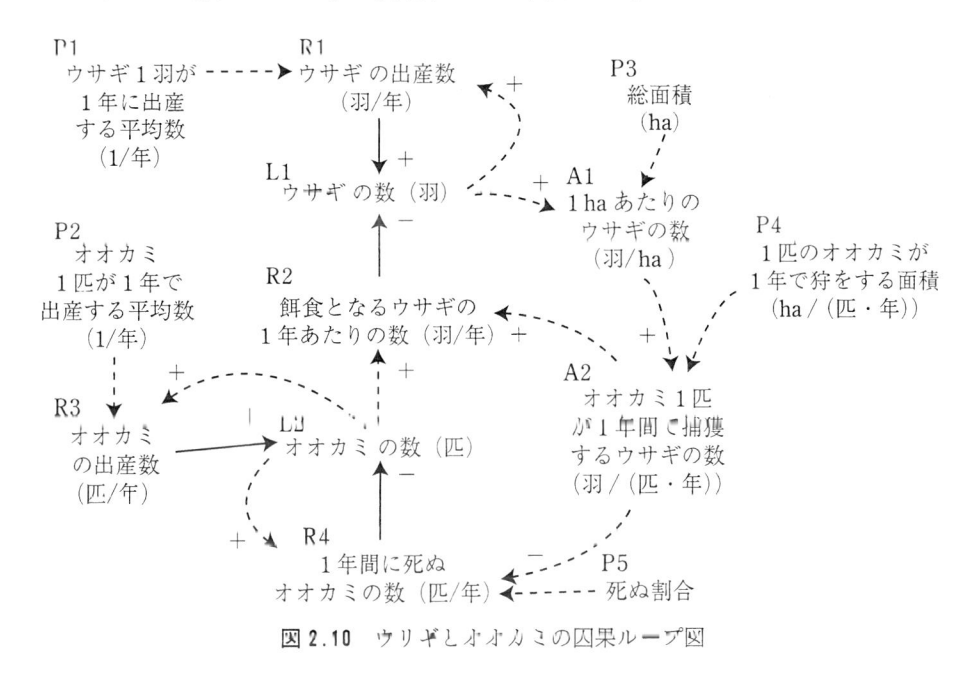

図 2.10　ウサギとオオカミの因果ループ図

図 2.10 は上述の設定に基づいて作成した因果ループ図である．ここで，レートの計算に用いる時間単位は年とし，図の中に変数の次元をできるだけ書き添えている．各変数や定数の左上には記号 L, R, P, A とそれぞれに通し番号を付けて識別化を行っている．ここに L はレベル，R はレート，P はパラメータ，A は補助変数（補助変数の意味は後述する）である．この図には 5 個のフィードバックループが存在しており，負のループと正のループの両方が含まれている．

2.4.5 方程式の作成

因果ループ図を描くことからシステムの特徴はある程度読み取れるが，いくつものループが複雑に絡みあった複雑な因果ループ図になると，コンピュータシミュレーションの助けが必要になる．システムダイナミックス用のソフトウェアの中には，コンピュータ画面にアイコンなどを貼り付けていくことでモデルの作成がかなり自動化されたものもあるが，事前にシミュレーション対象を方程式で表し，システム内の要素間の関係を確認することは，正しいモデルを作るうえで重要である．方程式が完成すれば，Excel などの表計算ソフトウェアを使ったシミュレーションも可能であることより，ここではシステムダイナミックスにおける方程式の作り方について述べる．

システムダイナミックスでは，システムの挙動を時間を追って調べることより，3 つの時点を表す特別な添字 J, K, L が用いられる（図 2.11 参照）．K が現在の時点，J が 1 つ前の時点，そして L が 1 つ後の時点である．本来時間の流れは連続であるが，これを時間間隔 DT で区切り，この間隔ごとにシステムの状態をみるのである．たとえば時間の単位が日であれば，J は昨日，K は今日，L は明日となる．J と K の時間の間隔は JK，K と L の間隔は KL と表すが，これらの間隔の値は DT である．J, K, L という時点にはレベルが対応し，間隔にはレートが対応する．

補助変数（auxiliary）は中間的な変数であり，必要に応じて用いられる．時点 K でのレベルに基づいて計算される補助変数には，時点を表す部分に K を用

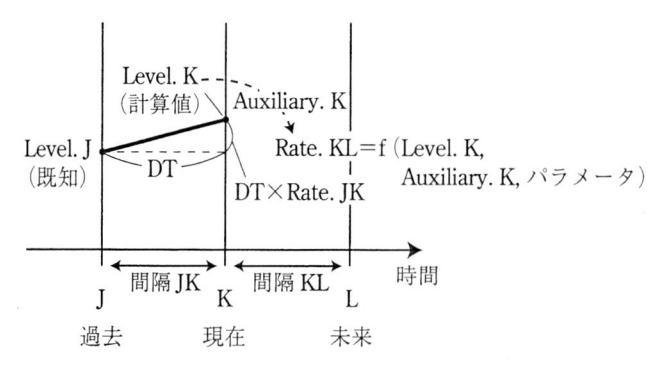

図 2.11 時間軸上の 3 つの時点とレベルならびにレートの関係
（文献[1], [6] を参考に作図）

いる．時間間隔 KL のレートは，時点 K でのレベル変数と補助変数の値ならびにパラメータの値に基づいて計算される．なお，図 2.11 の Rate.KL の右辺にある f は，カッコ内を引数とする関数であることを意味する．

さて，先ほどのウサギとオオカミの例に戻って，方程式を考えてみる．変数名などはすべて図 2.10 中の A1 などの記号を用いると，表 2.16 に示す方程式が得られる．ここに，式(8) に出てくる f(A2.K, P5) は次元が (1/年) で，カッコ内の 2 つの値に基づいて決まる関数であることを表している．なお，たとえば式(1) は差分方程式の形となっているが，これを微分方程式で表すと次のようになる．

$$\frac{dL1}{dt} = R1 - R2$$

表 2.16 捕食者・被食者システムの方程式

L1.K =L1.J+DT×(R1.JK−R2.JK)	(1)
L2.K =L2.J+DT×(R3.JK−R4.JK)	(2)
A1.K =L1.K/P3	(3)
A2.K =A1.K×P4	(4)
R1.KL=L1.K×P1	(5)
R2.KL=L2.K×A2.K	(6)
R3.KL=L2.K×P2	(7)
R4.KL=L2.K×f(A2K, P5)	(8)

2.4.6　シミュレーションの実行

表 2.16 の方程式をもとに，DT＝0.1 年として，汎用シミュレーション用ソフトウェア EX*TD で得られた結果を図 2.12 に示す．この図を見ると，最初にオオカミの数が増えるが，ウサギの数が減るに従い 2 年を過ぎた頃よりオオカミの数が減少に転じる．ウサギの数は約 4100 羽まで減少した後に，今度は増加に転じている．ウサギの数の増加によって，約 3 年遅れで今度はオオカミの数も増加するという周期的な変化が読み取れる．

ここでは，同等の結果を Excel によって求めてみる．図 2.13 に示す状態で，セル A3 は年（初期値のゼロ），B3 はウサギの数（初期値の 6000），F3 はオオカミの数（初期値の 125）を表している．また，セル A1 の値は時間の刻み幅で

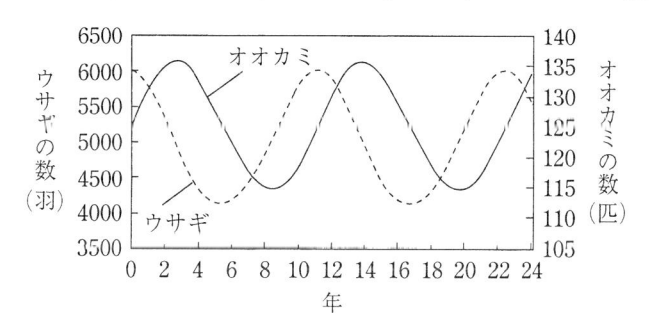

図 2.12　ウサギとオオカミの数の変化のようす

	A	B	C	D	E	F	G	H	I
1	0.02		ウサギ				オオカミ		
2	年	L1	R1	R2	A1	L2	R3	R4	A2
3	0.000	6000.0	③	④	①	125.0	⑤	⑥	②
4	⑦	⑧				⑨			
5									

図 2.13　Excel による計算の準備

あり，計算精度を上げるために小さめの値（ここでは0.02）を用いている．式は，まず初期値の入力されているレベルを出発点とし，補助変数を求めてからレートの計算を行うことより，シート上の①〜⑨に順に次のような式を入力する．

①＝B3/100　　⑥＝IF(I3＞99,0.005,0.5−0.005＊I3)＊F3
②＝E3＊1　　⑦＝A3＋\$A\$1
③＝B3＊1.25　⑧＝B3＋\$A\$1＊(C3−D3)
④＝F3＊I3　　⑨＝F3＋\$A\$1＊(G3−H3)
⑤＝F3＊0.25

これらの式を第4行以降のセルにコピーすることで図2.14のような結果が得られる．図2.12と比べるとほぼ同等な結果が得られていることが確認できる．

	A	B	C	D	E	F	G	H	I
1	0.02		ウサギ				オオカミ		
2	年	L1	R1	R2	A1	L2	R3	R4	A2
3	0.000	6000.0	7500.0	7500.0	60.0	125.0	31.3	25.0	60.0
4	0.020	6000.0	7500.0	7507.5	60.0	125.1	31.3	25.0	60.0
5	0.040	5999.9	7499.8	7514.8	60.0	125.3	31.3	25.1	60.0
6	0.060	5999.5	7499.4	7522.0	60.0	125.4	31.3	25.1	60.0
7	0.080	5999.1	7498.9	7528.9	60.0	125.5	31.4	25.1	60.0
8	0.100	5998.5	7498.1	7535.7	60.0	125.6	31.4	25.1	60.0
9	0.120	5997.7	7497.2	7542.3	60.0	125.8	31.4	25.2	60.0
10	0.140	5996.8	7496.1	7548.6	60.0	125.9	31.5	25.2	60.0
11	0.160	5995.8	7494.7	7554.8	60.0	126.0	31.5	25.2	60.0
12	0.180	5994.6	7493.2	7560.9	59.9	126.1	31.5	25.3	59.9
13	0.200	5993.2	7491.6	7566.7	59.9	126.3	31.6	25.3	59.9
14	0.220	5991.7	7489.7	7572.3	59.9	126.4	31.6	25.3	59.9
15	0.240	5990.1	7487.6	7577.7	59.9	126.5	31.6	25.4	59.9
16	0.260	5988.3	7485.4	7582.9	59.9	126.6	31.7	25.4	59.9
17	0.280	5986.3	7482.9	7587.9	59.9	126.8	31.7	25.4	59.9
18	0.300	5984.2	7480.3	7592.8	59.8	126.9	31.7	25.5	59.8

図 2.14　Excel による計算結果（一部分）

2.4.7 遅れ

実際のシステムにはさまざまな遅れ（delay）が存在する．たとえば，空調機のスイッチを入れてから，部屋の温度が設定温度近くになるまでには時間がかかるし，大学に入学してから卒業するまでには通常4年を要する．これらの遅れの与える影響は，単純にその結果が時間的に遅れて出てくるだけとは限らない．フィードバックシステムとの関係でシステムが予想しない振舞いを示す場合もある．

ここでは，文献[8]の設定を参考に，図2.15の左側に示すタンクの水量をある目標値に維持させようとするコントロール問題を考える．タンクの水量を量るセンサーの調子が悪く，本当のタンク内の水量がわかるまでにD分かかるとする．タンクの左側にポンプがあり，タンクに水を注入したり吸い出すことができるものとする．最初，タンク内には10 l の水があり，目標とする水量は22 l とする．また，加水割合を1分あたり水量の差の30％と仮定する．水が多すぎる場合は超過分に対しこの割合で水を吸い出すこととする．このような設定に対応した因果ループ図を図2.15の右側に示す．ここに，遅れの存在をDの文字で表している．言うまでもなく，このループは負のループである．

遅れの値Dによって，タンク内の水量がどのような挙動を示すかを図2.16に

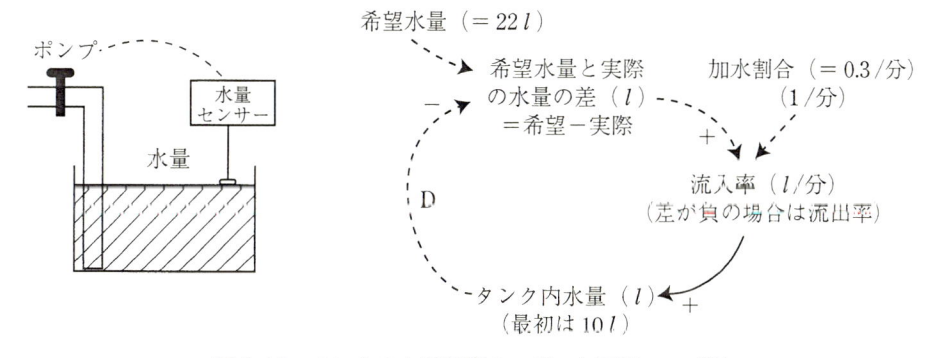

図 2.15 タンクの水量調節のモデルと因果ループ図

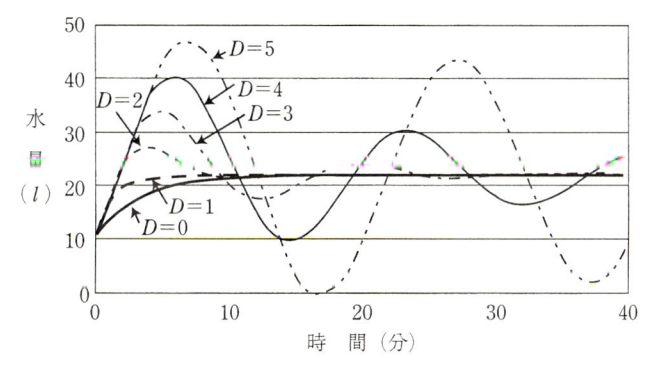

図 2.16 タンク内水量と遅れDの関係

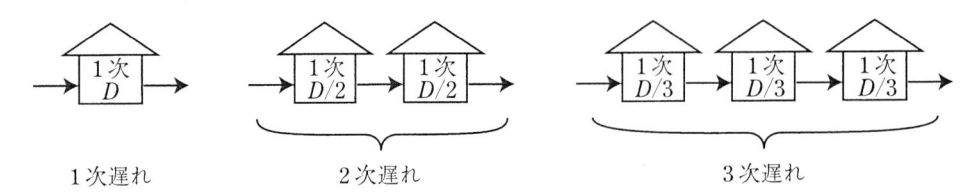

図2.17 1次遅れの直列接続による高次の遅れの実現

示す．$D=0$ の場合はなめらかに目標水量へと近づいているが，D の値の増加につれて，最初に多量の水が流れ込んでしまうことがわかる．$D \geq 4$ では水量が大きく増減し，30分を経過しても安定していないことがわかる．遅れの存在がシステムの振舞いに影響を与えることがこの例より確認できる．

遅れの種類にはいくつかある．先に用いた"一定時間後にものや情報が届く"という遅れはパイプライン（pipeline）遅れと呼ばれるが，1次遅れ（first order delay）もよく用いられる．商品を保管する倉庫を考えてみる．その倉庫からの日々の出荷量は，その倉庫にある商品の量の $1/D$ であるとする．ここに D はゼロより大きい値で遅れを表す．これは商品からみると，その倉庫に入ってから出て行くまでに平均 D 日を費やしていることになる．これが1次遅れである．

図2.17の左にある倉庫は，遅れを D とする1次遅れを表しているものとする．この倉庫を直列に並べるとともに，それぞれの倉庫内での遅れを $D/2$ としたものは，2次遅れ（second order delay）と呼ばれる．同様にして，それぞれの遅れを $D/3$ として3つを直列に並べた3次遅れ（third order delay）を図の右側に示している．この3次遅れも代表的なものである．このように，1次遅れを n 個並べればそれは n 次遅れとなるが，n の値を大きくするほどその挙動はパイプライン遅れに近づいていく．

対象システムを構成する要素間の関係を因果ループ図によって整理することは，①対象システムの理解が深まる，②問題点の発見が図を描いた時点で行える場合がある，③システムを他者に説明することが比較的容易，などの定性的な利点がある．このようなシステムダイナミックスの特徴からわかるように，この手法は緻密な計算が必要とされる物理的なシステムのシミュレーションにはあまり向いておらず，主として社会システムや企業経営などの比較的巨視的な検討が重要視される問題に適している．このことは，変数として何を含めるかが重要であることも意味している．必要以上に細かな要素を組み入れることは，モデルを複雑にして見通しを悪くする．逆に極度に簡単なモデルは，対象システムの特徴を正しく反映できない恐れがある．システムダイナミックスによって何を明らかにしたいのかを念頭に置き，その目的に最も適した詳細さでモデル化を行う必要がある．

2.4 システムダイナミックス

例題 2.4.1 正のループで例にあげた「銀行にお金を預けると利息がついて雪だるま式にお金が増える」と「都市の人口が増えれば就職のチャンスが増えるため，郊外から人が集まり，さらに都市の人口が増える」について，因果ループ図を描き，それが正のループであることを確かめなさい．

解 （次図参照）

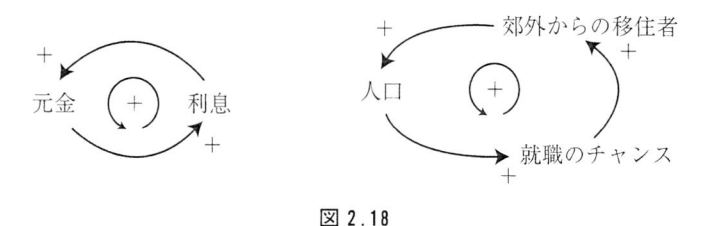

図 2.18

例題 2.4.2 図 2.10 に含まれる 5 つのループを見つけるとともに，それぞれが正のループか負のループか調べなさい．

解 （次図参照）

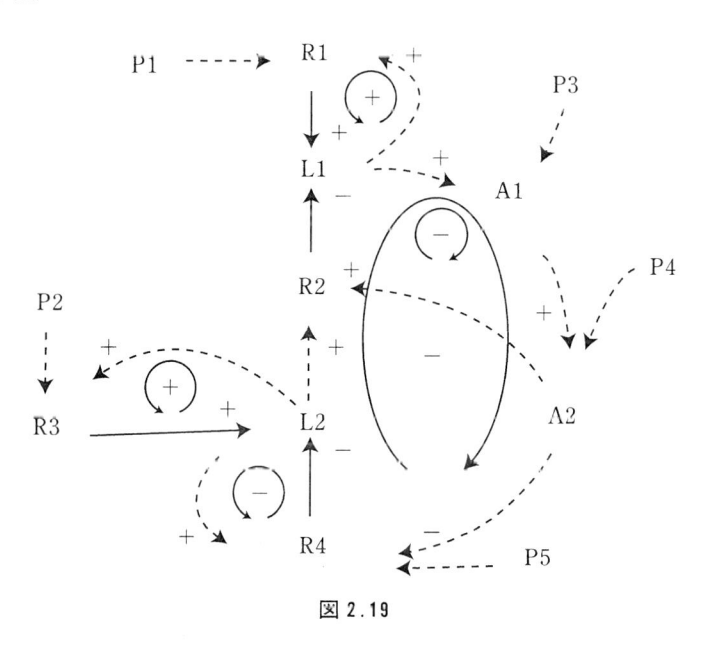

図 2.19

例題 2.4.3 次の問題に対する因果ループ図を描きなさい（出典は文献[3]）．

悪党 A が仲間を集めて大規模な銀行強盗を行うことを考えている．必要な人数はわかっているが，現在の仲間はゼロである．不足人数に対しある一定割合で，新人を毎週引き込めると見込んでいる．ただし，有能な警察官が常に彼らに目を向けており，毎週仲間の数の一定の割合が逮捕されている．ただし，捕まった方もじっとしているわけではなく，刑務所の中から毎週ある割合で脱獄に成功し，再び A のところに戻ってくる．

解 （次図参照；新人を勧誘して仲間を増やす部分のみを示す）

図 2.20

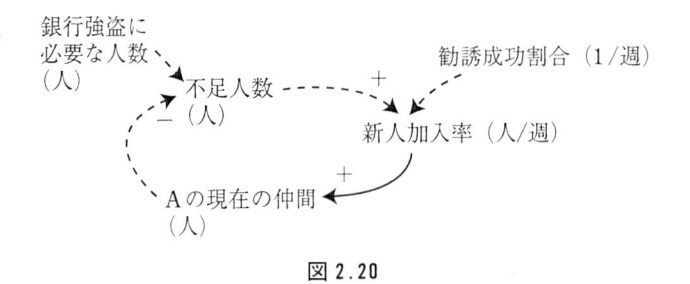

例題 2.4.4 方程式を作成した際は，式の両辺の次元が一致していることの確認が重要である．そこで，表 2.16 の中の式 (1) と (4) について次元が一致しているか確認しなさい．

解 式 (1) の右辺は，（羽）＋（年）×（（羽/年）－（羽/年））で，（羽）どうしの和が得られ，これは左辺の次元と一致している．また，式 (4) の左辺は（羽/(匹・年)）であり，右辺は（羽/ha）×（ha/(匹・年)）でこれも両辺が一致する．

文　献

[1] Coyle, R. G.："System Dyamics Modelling：A Practical Approach", Chapman & Hall (1996).
[2] "EX*TD User's Guide", Imagine That, Inc. (2002).
[3] Pidd, M.："Computer Simulation in Management Science, Fourth Edi-tion", John Wiley & Sons, Inc. (1998).
[4] グッドマン，M.R.（著），蒲生叡輝，山内　昭，大江秀房（訳）："システム・ダイナミックス・ノート", マグロウヒル好学社 (1981).
[5] 小玉陽一："システム・ダイナミックス入門", 講談社 (1984).
[6] 島田俊郎（編）："システムダイナミックス入門", 日科技連出版社 (1994).
[7] フォレスター，J.W.（著），石田晴久，小林秀雄（訳）："インダストリアル・ダイナミックス", 紀伊国屋書店 (1971).
[8] 森田道也（編著）："経営システムのモデリング学習─STELLA によるシステム思考─", 牧野書店 (1997).

2.5　在庫シミュレーション（タイムスライスモデル）

　連続時間で状態が推移する現象をシミュレーション解析する方法の1つに，時間を一定間隔で離散化するタイムスライスモデルを利用する方法がある．

　1日当たりの需要量，単位時間当たりの交通量，生産量，水道の使用量といった具合に，多くの現象は一定の時間間隔における状態変化として捉えられる．ここでは，需要が時々刻々到着する販売店における発注方式の性能を評価する問題を例に，需要量の調査間隔を1日に時分割したシミュレーション解析の方法について説明する．

　このとき，1日の「どの時刻に需要が到着するか」ではなく，1日に「どれだ

2.5.1 自己回帰型時系列データの生成

日々の需要量はしばしば，自己回帰型時系列モデルを用いて記述される．ここでは，t 日の需要量 D_t が次式で定義される 1 次の自己回帰型時系列モデルに従うと仮定する．

$$D_t = a_0 + a_1 D_{t-1} + x_t \quad (t=1,2,\cdots) \tag{2.9}$$

ここに，x_t は平均 0，分散 σ^2 をもつ互いに独立な確率変数である．このとき，定常状態における需要系列 $\{D_t\}$ の平均 $E(D)$ と分散 $V(D)$ は次式で定義される．

$$E(D) = \frac{a_0}{1-a_1}, \quad V(D) = \frac{1}{1-a_1^2}\sigma^2 \tag{2.10}$$

需要系列 $\{D_t\}$ が定常であるのは次式の条件を満たすときである．

$$|a_1| < 1 \tag{2.11}$$

Excel シートを用いて需要系列データを作成してみよう．

表 2.17 は時系列データを作成するための Excel シートをイメージしたもので，行番号は数字，列番号はアルファベットで表現している．セル B2, C2 の数値 5.0, 0.5 は各々，1 次の自己回帰型時系列モデルのパラメータ a_0 と a_1 の値を設定している．シート上のセル B6, C5, C6 には次の数式①〜③が入る．

① ＝(RAND()-0.5)＊SQRT(12)
② ＝B2/(1-C2)
③ ＝B$2+C$2＊C5+B6

①は区間 $[-0.5\sqrt{12}, 0.5\sqrt{12})$ の一様乱数 x_t を生成する．区間 $[-0.5, 0.5)$ の一様乱数の分散は $1/12$ であることから，$\sqrt{12}$ 倍することによって，分散 1 の乱数が生成される．②は時系列データの初期値として，$D_0 = E(D)$ を設定する．③は (2.9) 式の計算式であり，1 次の自己回帰型時系列データを生成す

表 2.17 時系列データシートの構成

	A	B	C
1		a_0	a_1
2		5.0	0.5
3			
4	t	x_t	D_t
5	0		②
6	1	①	③
7	2	↓	↓
8	3	↓	↓
9	4	↓	↓
10	5	↓	↓

表 2.18 時系列データ

t	x_t	D_t
0		10.0
1	0.33	10.3
2	1.54	11.7
3	0.02	10.9
4	1.61	12.0
5	−1.22	9.8

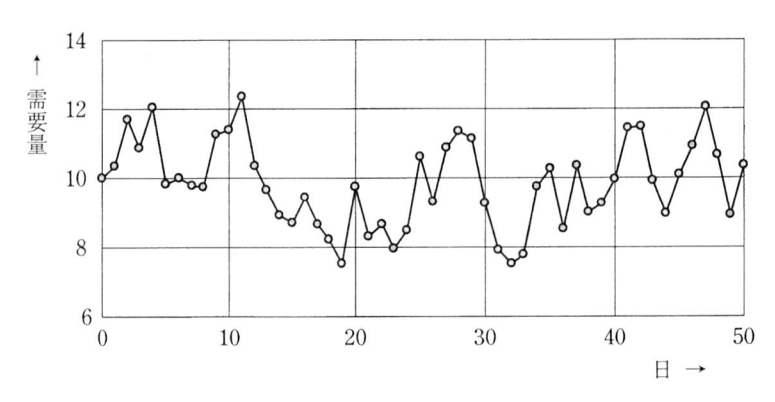

図 2.21 時系列データの推移

る．また，↓は上側のセルの式をフィルハンドルで下側にコピーすることを意味する．③をコピーすると，セル C7 は次式になる．

　　　＝B$2＋C$2＊C6＋B7

表 2.17 を完成させると，表 2.18 に示す時系列データが得られる（ただし，RAND() 関数が自動的に乱数を生成するため，数値は異なる）．図 2.21 は 50 日間の時系列データをグラフにしたものである．

2.5.2 発注システムシミュレーション

販売店 A は商品を X 社から調達し，販売している．商品を調達するための発注システムの性能をシミュレーションによって解析することを考える．

商品を発注してから納入されるまでには，$L=2$ 日の納入リードタイムが必要である．すなわち，t 日の閉店後に発注された商品は $t+L+1$ 日の開店前に納入される．需要に対して商品が不足した場合，その不足分は受注残として繰り越され，商品の入荷を待って，顧客に配送される．ただし，(不足量×遅れ日数) に比例して品切れ損失が発生する．商品の調達費用は 300（千円／回），保管費は 1（千円／(個・日)），そして，品切れ損失は 30（千円／(個・日)）とする．

a. 定期発注方式
定期発注方式は，一定期間 T 日ごとに，次の発注までに必要な需要量を予測して発注する方式である．

発注量を算出するには，次に発注が行われるのが T 日後であり，納入リードタイムが L 日であることから，$T+L$ 日間の需要量を予測する必要がある．

ここでは，次式で示される指数平滑法を用いて需要量を予測する．

$$S_t = aD_t + (1-a)S_{t-1} \quad (0 < a < 1) \tag{2.12}$$

ここに，S_t は t 日の指数平滑値，a は定数である．この指数平滑値 S_t を用いた t 日末における j 日先の需要予測値 $\hat{D}_{t:j}$ は次式で定義される．

$$\hat{D}_{t:j} = S_t \tag{2.13}$$

Excel シートを用いて，定期発注方式のシミュレーションシートを作成してみよう．

表 2.19 の列 A，B，C は表 2.17 のシートと同じである（ただし，シミュレー

2.5 在庫シミュレーション（タイムスライスモデル）

表 2.19 定期発注方式のシミュレーションシートの構成

	A	B	C	D	E	F	G	H	I
1		a_0	a_1	安全在庫	発注間隔	定数			
2		5.0	0.5	5	5	0.6			
3									
4	t	x_i	D_t	実在庫	需要予測	発注量	保管	品切れ	期
5									
6									
7	0		10.0	①	③	⑤	⑥	⑦	⑧
8	1	0.33	10.3	②	④	↓	↓	↓	↓
9	2	1.54	11.7	↓	↓	↓	↓	↓	↓
10	3	0.02	10.9	↓	↓	↓	↓	↓	↓
11	4	1.61	12.0	↓	↓	↓	↓	↓	↓
12	5	-1.22	9.8	↓	↓	↓	↓	↓	↓

ション計算式の都合上，スペース行 5，6 が挿入されている）．セル D2，E2 の数値 5，5 は各々，定期発注方式におけるパラメータである安全在庫水準と発注間隔を設定する．シート上のセル D7，D8，E7，E8，F7〜I7 には，次の数式①〜⑧が入る．

 ①＝D2＋2＊C7
 ②＝D7−C8＋F5
 ③＝C7
 ④＝F\$2＊C8＋(1-F\$2)＊E7
 ⑤＝IF(I7＜I8,(E\$2＋2)＊E7−D7＋D\$2,0)
 ⑥＝IF(0＜D7,D7,0)
 ⑦＝IF(D7＜0,−D7,0)
 ⑧＝INT((A7＋\$E\$2−1)/E\$2)

①は初期在庫であり，

$$安全在庫＋納入リードタイム＊平均需要量$$

に設定している．②は実在庫の計算式

$$実在庫＝前日末の在庫量−需要量＋(L+1)日前の発注量$$

である．③は指数平滑法で用いる初期値を需要量の初期値に設定している．④は (2.12) 式で示される指数平滑法の計算式である．⑤は定期発注方式における発注量の計算式

$$発注量＝指数平滑値＊(T+L)−在庫量＋安全在庫$$

を示しており，列 I に示される期を用いて，期末にのみ発注が行われるように設定されている．⑥は在庫量が正の値で翌日までの保管量を算出する式である．⑦は在庫量が負の値，すなわち，品切れ量を算出する式である．⑧は発注間隔ごとに更新される期の番号を設定する．

表 2.20　定期発注方式のシミュレーションシート

t	x_t	D_t	実在庫	需要予測	発注量	保管	品切れ	期
0		10.0	25.0	10.0	50.0	25.0	0.0	0
1	0.33	10.3	14.7	10.2	0.0	14.7	0.0	1
2	1.54	11.7	3.0	11.1	0.0	3.0	0.0	1
3	0.02	10.9	42.1	11.0	0.0	42.1	0.0	1
4	1.61	12.0	30.1	11.6	0.0	30.1	0.0	1
5	−1.22	9.8	20.3	10.5	58.4	20.3	0.0	1
6	0.10	10.0	10.2	10.2	0.0	10.2	0.0	2
7	−0.24	9.8	0.5	9.9	0.0	0.5	0.0	2

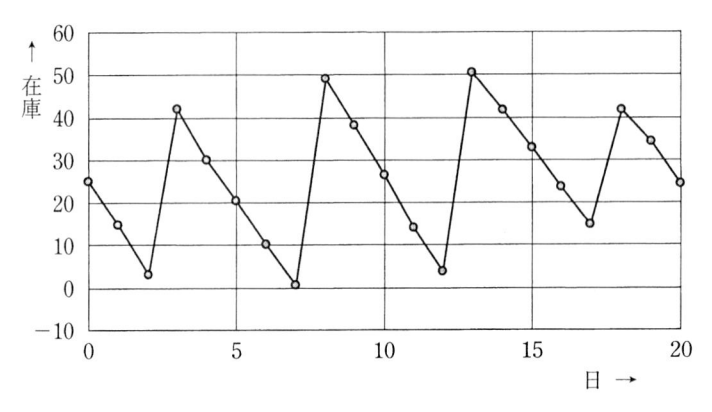

図 2.22　定期発注方式における在庫量の推移

表 2.21　シミュレーション結果

保管在庫	24.985
発注回数	0.200
品切れ	0.226
総費用	91.771

表 2.19 を完成させると，表 2.20 に示すシミュレーションの計算結果が得られる（ただし，RAND() 関数が自動的に乱数を生成するため，数値は異なる）．図 2.22 は 20 日間の在庫推移をグラフにしたものである．

1000 日間のシミュレーション解析により計算された 1 日平均の保管在庫量，発注回数，品切れ量および総費用は表 2.21 に示されている．その計算式は次の通りである．

　保管在庫＝SUM(G8：G1007)/1000

　発注回数＝COUNTIF(F8：F1007,">0")/1000

　品切れ量＝SUM(H8：H1007)/1000

　総費用＝保管在庫∗1＋発注回数∗300＋品切れ∗30

表 2.21 より，安全在庫 5，発注間隔 5 の定期発注方式を用いた場合の 1 日当たりの総費用は 91.771（千円／日）になるという結果が導かれる．

2.5 在庫シミュレーション(タイムスライスモデル)

シミュレーションシート上のセル D2, E2 で設定される安全在庫と発注間隔の値を変更することによって,総費用を最小にする最適な定期発注方式を見つけることができる.

b. (s, S)発注方式
(s, S)発注方式は,閉店後の有効在庫量が発注点 s 以下であるならば,$(S-$有効在庫量$)$を発注する方式である.

ここでは,日々の需要量が平均 10 のポアソン分布に従うと仮定した場合の (s, S) 発注方式のシミュレーションシートを作成してみよう(表 2.22).

セル D2, E2 では,(s, S) 発注方式のパラメータである発注点 s と補充点 S の値を各々,20,60 に設定している.①〜④はポアソン分布

$$P_n = \frac{\lambda^n}{n!} e^{-\lambda} \quad (n=0,1,2,\cdots) \tag{2.14}$$

に従うポアソン乱数を逆関数法により生成するためのもので,ポアソン分布の累積確率 F_n を計算している.ここに,K2 は需要量の平均 10 を設定している.

①＝EXP(-K2)
②＝K5＊K$2/J6
③＝K5
④＝L5+K6

①は確率 P_0 の計算式である.②は漸化関係

$$P_n = \frac{\lambda}{n} P_{n-1} \tag{2.15}$$

を用いて,確率 P_1 を計算している.③は累積確率の初期値 P_0 を設定している.④は累積確率 F_n の計算式である.この累積確率を利用して,次の⑤,⑥により,需要量が生成される.

⑤＝RAND()
⑥＝IF(B8<$L$5,0,1)+IF(B8<$L$6,0,1)+…+IF(B8<$L$30,0,1)

⑤は区間 $[0,1)$ の一様乱数 y_t を生成する.⑥は逆関数法によりポアソン乱数を生成するための式である.すなわち,累積確率 F_n が乱数値以下である最大の n が需要量として生成される.

⑦〜⑪は在庫シミュレーションのための計算式である

⑦＝D2+K2
⑧＝D7-C8+F5
⑨＝D8+SUM(F6:F7)
⑩＝IF(E8<=D$2,E$2-E8,0)
⑪＝IF(0<D8,D8,0)
⑫＝IF(D8<0,-D8,0)

⑦は初期在庫を発注点＋平均需要量に設定している.⑧は実在庫量の計算式で,実在庫量＝前日末の在庫量－需要量＋$(L+1)$ 日前の発注量,を意味する.

⑨は，有効在庫量＝t日の実在庫量＋納入残，である．⑩は有効在庫量が発注点以下の場合，発注量＝補充点－有効在庫量，それ以外の場合，発注量＝0とする計算式である．⑪は在庫量が正の値で翌日までの保管量を算出する式である．⑫は在庫量が負の値，すなわち，品切れ量を算出する式である．

表2.22を完成させると，表2.23に示すシミュレーションシートが得られる（ただし，RAND()関数が自動的に乱数を生成するため，数値は異なる）．図2.23は20日間の在庫推移をグラフにしたものである．

1000日間のシミュレーション解析により計算された1日平均の保管在庫量，発注回数，品切れ量および総費用は表2.24に示されている．その計算式は次のとおりである．

保管在庫＝SUM(G8:G1007)/1000
発注回数＝COUNTIF(F8:F1007,">0")/1000
品切れ量＝SUM(H8:H1007)/1000
総費用＝保管在庫量＊1＋発注回数＊300＋品切れ量＊30

表2.22 (s,S)発注方式のシミュレーションシートの構成

	A	B	C	D	E	F	G	H	I	J	K	L
1				発注点	補充点						$E(D)$	
2				20	60						10	
3												
4		t	y_t	D_t	実在庫	有効在庫	発注量	保管	品切れ		n	P_n	F_n
5											0	①	③
6											1	②	④
7		0			⑦						2	↓	↓
8		1	⑤	⑥	⑧	⑨	⑩	⑪	⑫		3	↓	↓
9		2	↓	↓	↓	↓	↓	↓	↓		4	↓	↓
10		3	↓	↓	↓	↓	↓	↓	↓		5	↓	↓
11		4	↓	↓	↓	↓	↓	↓	↓		6	↓	↓
12		5	↓	↓	↓	↓	↓	↓	↓		7	↓	↓

表2.23 (s,S)発注方式のシミュレーションシート

t	y_t	D_t	実在庫	有効在庫	発注量	保管	品切れ	n	P_n	F_n
								0	0.000	0.000
								1	0.000	0.000
0			30					2	0.002	0.003
1	0.33	8	22	22	0	22	0	3	0.008	0.010
2	0.45	9	13	13	47	13	0	4	0.019	0.029
3	0.74	12	1	48	0	1	0	5	0.038	0.067
4	0.27	8	−7	40	0	0	7	6	0.063	0.130
5	0.03	4	36	36	0	36	0	7	0.090	0.220

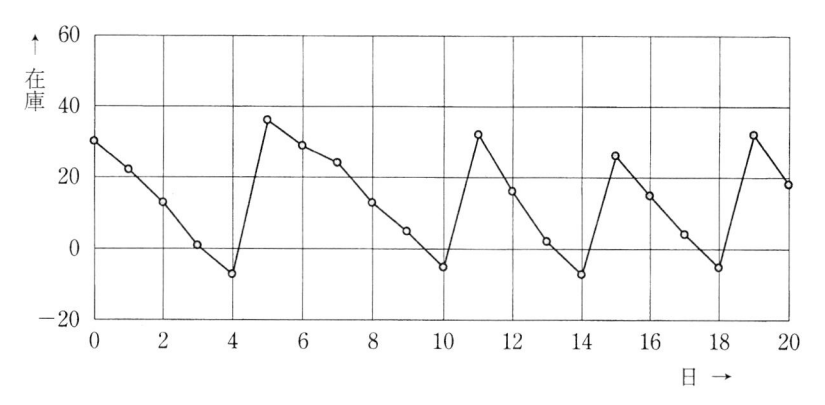

2.5 在庫シミュレーション（タイムスライスモデル）

図 2.23 (s, S) 発注方式における在庫量の推移

表 2.24 シミュレーション結果

保管在庫量	14.05
発注回数	0.221
品切れ量	1.404
総費用	122.47

表 2.24 より，発注点 $s=20$，補充点 $S=60$ の (s, S) 発注方式を用いた場合の 1 日あたりの総費用は 122.47（千円／日）であるという結果が導かれる．

シミュレーションシート上のセル D2, E2 で設定される発注点 s と補充点 S の値を変更することによって，総費用を最小にする最適な発注点と補充点を見つけることができる．

例題 2.5.1 表 2.18 を用い，同一条件の下で，10000 日の時系列データを作成して，平均と分散を計算し，(2.10)式の理論値と比較せよ．

解 平均と分散は各々，次の①，②式で計算され，式に続く値は，計算結果である．この値は，RAND() 関数が自動的に乱数を生成するので，値は変化する．E(D)，V(D) は (2.10)式で計算した理論値である．

  ① ＝AVERAGE(C6：C10005)　　＝9.99　　　E(D)＝10
  ② ＝VAR(C6：C10005)　　　　＝1.316　　V(D)＝1.333

分散の計算において，確率変動部分の x_t は一様乱数で生成し，分散 $\sigma^2=1$ に基準化していることに注意せよ．

例題 2.5.2 表 2.20 の定期発注方式のシミュレーションシートを用い，同一条件のもとで，最適な発注間隔と安全在庫水準を求めよ．

解 安全在庫と発注間隔を変化させて，総費用を計算した結果が次表である．表 2.25 より，発注間隔を 8 日，安全在庫水準を 7 としたとき，総費用を最小にする．

例題 2.5.3 表 2.23 の (s, S) 発注方式のシミュレーションシートを用い，同一条件のもとで，最適な発注点と補充点を求めよ．ただし，発注点 s は 2 間隔（偶数），補充点－発注点

表 2.25

総費用	発注間隔						
	5	6	7	8	9	10	11
安全在庫 4	92.56	86.44	85.17	85.00	87.79	87.65	94.89
5	91.77	86.18	84.78	84.52	87.11	87.35	94.41
6	91.24	85.98	84.55	84.16	86.63	87.22	94.05
7	91.02	85.90	84.45	83.98	86.37	87.17	93.73
8	90.99	86.03	84.50	84.03	86.25	87.17	93.49
9	91.17	86.29	84.63	84.17	86.22	87.26	93.35
10	91.56	86.81	84.87	84.46	86.36	87.44	93.29
11	92.13	87.49	85.22	84.83	86.67	87.77	93.36

$(S-s)$ は 10 間隔とせよ．

解 発注点 s と補充点－発注点 $(S-s)$ を変化させて，総費用を計算した結果が表 2.26 である．表より，発注点 $s=30$，補充点 $S=100$ としたとき，総費用を最小にする．

表 2.26

総費用	補充点－発注点 $(S-s)$						
	50	60	70	80	90	100	110
発注点 s 22	96.3	95.5	88.0	87.5	86.8	85.8	89.2
24	90.6	90.1	84.2	83.9	83.9	84.2	87.0
26	87.4	86.5	81.8	81.7	82.4	83.5	85.7
28	85.6	84.1	80.7	80.8	82.0	83.5	85.5
30	85.2	83.2	80.5	80.7	82.5	84.1	86.0
32	86.0	83.2	81.2	81.5	83.5	85.0	86.9
34	87.5	83.8	82.2	82.6	84.8	86.2	88.2
36	89.2	85.1	83.7	84.1	86.4	87.9	89.9

文　献

[1] 平川保博："オペレーションズ・マネジメント"，森北出版 (2000)．
[2] Silver, E. A., Pyke, D. F. and Peterson, R.："Inventory Management and Production Planning and Scheduling (3rd ed.)", John Wiley & Sons (1998).

第3章　イベントシミュレーション

3.1　イベントシミュレーションの基礎

1.2節では，シミュレーションにおける時間表現の原理として，「タイムスライスシミュレーション」と「イベントシミュレーション」を紹介した．ここでは，後者の代表例として「待ち行列モデル」を取り上げ，「イベントシミュレーション」の基礎的事項を解説する．また，「待ち行列理論」について簡単に紹介したうえで，「シミュレーション」との関係について述べる．

3.1.1　待ち行列モデル

a．待ち行列モデルとは　待ち行列モデル（queueing model）は，銀行やレストランなどのサービスシステムから工場における生産システム，または電話やインターネットなどの通信システムなど，さまざまなシステムにおいてシステムのパフォーマンスを解析・設計する際に有効なモデルである．

ここでは，以下の用語を用いて待ち行列モデルを表現する．サービスを受けるべくシステムに到着する要素を「客」，サービスを受ける場所を「窓口」，窓口が稼働中の時に到着した客が待つ場所を「待合室」と呼ぶ．待合室に到着した客がどのような順番で処理されるかを「サービス規律」と呼ぶが，ここでは一般によく用いられる FCFS（first come first serve；先着順）で処理するものとする．窓口が1つ，待合室の大きさに人数制限がない例を図3.1に示す．

たとえば，生産システムの場合であれば，「窓口」が「機械」，「客」が「部品」，「待合室」が「仕掛仕庫置場」などに相当する．

この待ち行列モデルでは次の2つのイベントがある．
- 到着イベント：客のシステムへの到着により発生する．
- 退去イベント：窓口におけるサービス完了により発生する．

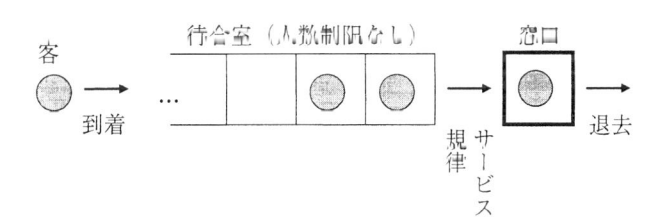

図3.1　基本的な待ち行列モデル

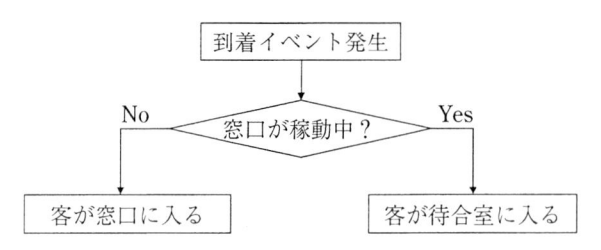

図3.2 到着イベント発生時のフローチャート

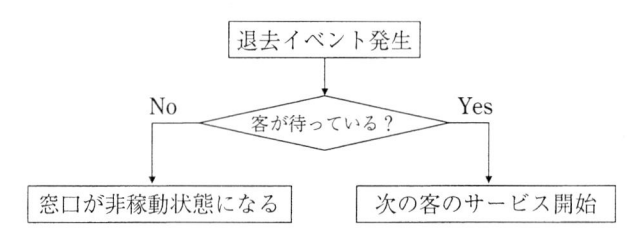

図3.3 退去イベント発生時のフローチャート

　まず，到着イベントから考える．客がシステムに到着したときに窓口が空いていればその客はすぐに窓口に入ってサービスが開始されるが，窓口が前の客に対してサービス中であるときには待合室に入って前の客のサービスが完了するのを待つことになる．この流れを図3.2に示す．

　次に退去イベントを考える．窓口でのサービスが完了し客がシステムから退去する時点で，待合室に客が待っている場合には次の客が待合室から窓口に移りサービスが開始されるが，待合室に客が1人もいない場合には窓口が非稼動状態になる．この流れを図3.3に示す．

b．待ち行列モデルのシミュレーション　　待ち行列モデルでは，前述した2つのイベント，すなわち客の到着と退去（サービス完了）が発生した時点のみにおいてシステムの状態が変化する．ここでは，到着間隔とサービス時間が次の表3.1の通り与えられた場合についてシミュレーションを行ってみる．到着間隔とは$i-1$番目の客がシステムに到着してからi番目の客がシステムに到着するまでの時間である．

　表3.1のようなデータが与えられると，表3.2の通りシミュレーションを行う

表3.1　シミュレーションの入力情報

客	到着間隔	サービス時間
1	—	2
2	4	5
3	3	2
4	6	4
平均	4.33	3.25

3.1 イベントシミュレーションの基礎

表 3.2　シミュレーション

客	到着間隔	サービス時間	到着時刻	サービス開始時刻	サービス終了時刻	待ち時間	滞在時間
1	—	2	0	0	2	0	2
2	4	5	4	4	9	0	5
3	3	2	7	9	11	2	4
4	6	4	13	13	17	0	4
合計	—	13	—	—	—	2	15

ことができる．

このシミュレーションでは，到着イベントが時刻0（客1），4（客2），7（客3），13（客4），退去イベントが2（客1），9（客2），11（客3），17（客4）で発生し，これらの時刻においてのみシステムの状態が変化している．

この表の各要素は次のごとく計算する．

① 到着時刻＝前の客の到着時刻＋到着間隔

ただし，1番目の客の到着時刻をゼロとする．

② サービス開始時刻＝MAX（到着時刻，前の客のサービス終了時刻）

サービス開始時刻は，計算対象としている客の到着時刻もしくはその前の客のサービス終了時刻のうち遅い方の時刻になる（よって，複数の値から最大値を選択するMAX関数を利用している）．つまり，窓口が稼動中であればシステムに到着した客は一度待合室に入り，前の客のサービスが終了してからサービスが開始されることを意味する．表3.2の例では，客3は時刻7に到着しているが，前の客2が時刻9まで窓口を占有しているため2の待ちが生じて，客3のサービス開始時刻は9になっている．

③ サービス終了時刻＝サービス開始時刻＋サービス時間
④ 待ち時間＝サービス開始時刻－到着時刻
⑤ 滞在時間＝サービス終了時刻－到着時刻

この4人の客の到着・退去（イベント）のようすを図3.4に示す．この図で横軸は時間軸，縦軸はシステム内に存在する客数（系内人数）を表している．この

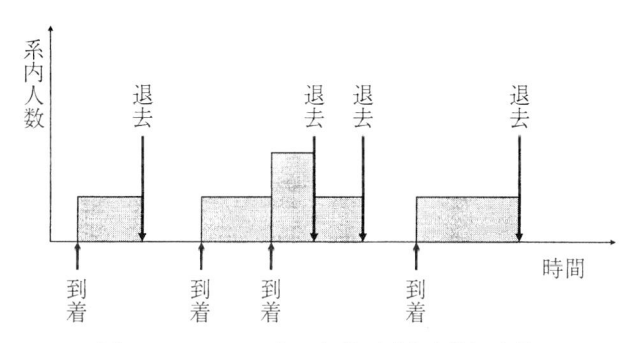

図 3.4　システム内の客数（系内人数）変化

図からも，システムの状態が変化しているのは，到着イベントもしくは退去イベントが発生したときのみであること，さらに3人目の客が到着した時点で待ちが生じているようすなどがすぐにわかる．

この4人の客のシミュレーション結果から，1人当たりの待ち時間（平均待ち時間 W_q），滞在時間（平均滞在時間 W）を計算すると次のようになる．

$$\text{平均待ち時間} \quad W_q = \frac{0+0+2+0}{4} = \frac{2}{4} = 0.5$$

$$\text{平均滞在時間} \quad W = \frac{2+5+4+4}{4} = \frac{15}{4} = 3.75$$

シミュレーションからこのような評価値を求め，待ち時間や滞在時間が長すぎないかどうかなどの検討を行いシステム設計に役立てることができる．

以上の手順に従うことにより，待ち行列モデルのシミュレーションを行いシステムの評価値（平均待ち時間や平均滞在時間など）を求めることができた．しかしながら，いくつかの前提条件を満たす場合についてはシミュレーションを行わなくとも前述の評価値を得ることができる．次はその方法を説明する．

3.1.2 待ち行列理論

シミュレーションを行わずに待ち行列モデルの評価値を計算する方法を説明する．ひとくちに待ち行列モデルといってもじつはさまざまなモデルが存在し，モデルごとにその計算方法は異なってくる．ここでは，数多くある待ち行列モデルの中でも最も基本的である M/M/1(∞) と呼ばれるモデルを取り上げることにする．

a. M/M/1(∞) モデルとは この M/M/1(∞) という記号の説明から始める．これはケンドールの記号と呼ばれ，最初の M は客がシステムに到着するようすを，次の M が窓口におけるサービス時間のようすを，次の1が窓口数を，そして最後の ∞ が待合室のサイズを表している．窓口数と待合室のサイズについては明瞭であるが，到着とサービス時間のようすとはいったいどのようなことを表しているのであろうか．

前述の待ち行列モデルのシミュレーションからもわかる通り，窓口数と待合室のサイズが与えられたときに，待ち行列の評価値は客がどのような間隔で到着するのか，到着した客に対するサービス時間がどの程度かかるのかによって決まる．同じサービス時間でも客の到着間隔が短くなれば多くの客が窓口に到着することになるので待ち行列が長くなるし，逆に客の到着間隔が同じでもサービス時間を短くすれば待ち行列は解消されるであろう．

一般に客の到着間隔やサービス時間は一定ではなく，ある程度ばらついていることが多い．したがって，この到着間隔とサービス時間は確率変数（random variable）であり，この確率変数がどのような分布に従っているかを示しているのがケンドールの記号に現れた M である．M はその確率変数が指数分布

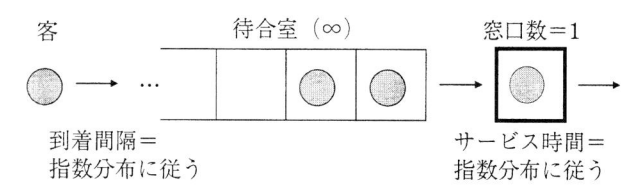

図 3.5　M/M/1(∞) モデル

(exponential distribution) と呼ばれる確率分布に従っている場合に用いられる．M はマルコフ性（Markov property）あるいは無記憶性（memory-less property）の頭文字をとっているといわれる．マルコフ性は状態の変化が起こる確率が過去の履歴によって影響されないという性質である．指数分布は無記憶性が成り立つ唯一の分布で，この性質が待ち行列モデルのマルコフ性を保証し解析を容易にしてくれる．M/M/1(∞) モデルを図 3.5 に示す．

待ち行列モデルは M/M/1(∞) モデル以外にもさまざまなモデルが存在する（詳細は文献[1]などを参照せよ）．

● b．**評価値を求める**　前述の通り，M/M/1(∞) モデルでは到着間隔もサービス時間も，ともに指数分布に従うのでマルコフ性が成り立つ．このことを利用すると次の手順で M/M/1(∞) モデルの評価値を計算することができる．

平均到着率（平均到着間隔の逆数）を λ，平均サービス率（平均サービス時間の逆数）を μ とおく．ここで λ と μ はそれぞれ単位時間当たりに到着する平均客数，単位時間当たりにサービスを終える平均客数を表している．また，λ と μ の比を利用率 $\rho=\lambda/\mu$，系内人数が n である確率を p_n とおくと，p_n は次のように表すことができる（p_n を導く手順はコラムを参照）．

$$p_n = \rho^n (1-\rho)$$

平均系内人数（サービス中の客数と待合室の客数の和）を L とおくと，L は系内人数の期待値なので

$$L = \sum_{n=0}^{\infty} n p_n = \sum_{n=0}^{\infty} n \rho^n (1-\rho) = \frac{\rho}{1-\rho}$$

また，サービス中の客数を除いた平均待ち行列長（待合室の客数）を L_q とおくと，L_q は窓口が 1 箇所であることより，

$$L_q = \sum_{n=0}^{\infty} (n-1) p_n = L - \rho = \frac{\rho^2}{1-\rho}$$

と求めることができる．

ここで L と L_q の関係を図 3.6 に示す．

今求めた平均系内人数 L と平均滞在時間時間 W の間には次の関係が成り立つ．

$$L = \lambda W$$

これはリトル（Little）の公式（文献[2]）と呼ばれ，人数と時間の関係を表す

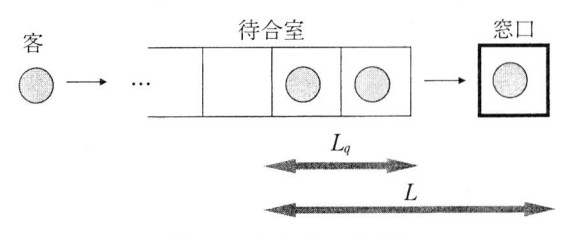

図 3.6　L と L_q の関係

重要な式である．このリトルの公式を用いると，平均滞在時間 W は

$$W = \frac{L}{\lambda} = \frac{\rho}{1-\rho} \cdot \frac{1}{\lambda} = \frac{1}{\mu - \lambda}$$

と求めることができる．

また，平均待ち行列長 L_q と平均待ち時間 W_q の間にもリトルの公式が成り立つので，W_q も次のように求めることができる．

$$W_q = \frac{L_q}{\lambda} = \frac{\rho^2}{1-\rho} \cdot \frac{1}{\lambda} = \frac{\lambda}{\mu(\mu-\lambda)}$$

以上より，待ち行列モデルの主要な評価指標 L，L_q，W，W_q のすべてが入力情報 λ，μ，ρ によって表現された．つまり，入力情報が得られれば，シミュレーションをしなくとも評価値を求めることができる．

3.1.3　なぜシミュレーションが必要か

前述の待ち行列理論を用いると，シミュレーションを行わずに待ち行列モデルの評価値を求めることができた．では，なぜシミュレーションが必要なのであろうか．

それは，待ち行列理論の適用には限界があるからである．先ほどは待ち行列理論を説明する際に，M/M/1(∞) モデルを取り上げマルコフ性が成り立つことを前提に解析を進めると説明したが，到着間隔やサービス時間がいつも指数分布に従っているとは限らず，むしろその方が例外的であるとさえいえる．指数分布以外の確率分布に対してもある程度の解析はなされているが，どのような分布に対しても常に前述のような解析解が存在するわけではない．

たとえば，工場の生産システムなどに待ち行列モデルを適用する場面では，機械の故障やその保全政策，また作業者の割当による機械の稼動状況の変化，部品の調達や資材搬送機器との関係など複雑な要因がからみ合い，単純に待ち行列理論を適用することはきわめて困難である．そのほか，サービスシステムや通信システムなどの場合であっても現実には複雑な制約条件があるのが普通である．

しかしながら，シミュレーションでは多少複雑な要因がかかわってきてもシミュレーションモデルを構築する手間がかかるだけで，ほとんど対応可能である．そのような背景から，多くの場面でシミュレーションが活用されるのである．

※コラム※ 平衡方程式から p_n を導く手順

[手順1] 系内人数（$0,1,2,3,\cdots$）を状態としてマルコフ連鎖の推移図を書くと図3.7のようになる．

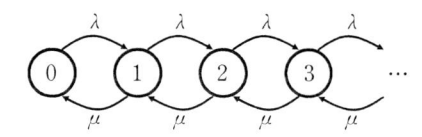

図 3.7 系内人数を状態としたマルコフ連鎖の推移図

平均到着率 λ の割合で系内人数が増加し，逆に平均サービス率 μ の割合で系内人数が減少することを表している．

[手順2] 平衡方程式を導く．定常状態では推移図における各状態（系内人数ごと）で平衡が保たれているので次の平衡方程式が成り立つ．

系内人数	IN=OUT
0	$\mu p_1 = \lambda p_0$
1	$\lambda p_0 + \mu p_2 = (\lambda + \mu) p_1$
2	$\lambda p_1 + \mu p_3 = (\lambda + \mu) p_2$
$\vdots$	$\vdots$
n	$\lambda p_{n-1} + \mu p_{n+1} = (\lambda + \mu) p_n$
$\vdots$	$\vdots$

[手順3] 平衡方程式を解く．

系内人数	IN=OUT	解
0	$\mu p_1 = \lambda p_0$	$\Rightarrow p_1 = \dfrac{\lambda}{\mu} p_0 = \rho p_0$
1	$\lambda p_0 + \mu p_2 = (\lambda + \mu) p_1$	$\Rightarrow p_2 = \rho p_1 = \rho^2 p_0$
2	$\lambda p_1 + \mu p_3 = (\lambda + \mu) p_2$	$\Rightarrow p_3 = \rho p_2 = \rho^3 p_0$
$\vdots$	$\vdots$	$\vdots$
n	$\lambda p_{n-1} + \mu p_{n+1} = (\lambda + \mu) p_n$	$\Rightarrow p_{n+1} = \rho p_n = \rho^{n+1} p_0$
$\vdots$	$\vdots$	$\vdots$

[手順4] 手順3で得られた結果より p_n を求める．状態確率の合計が1であることより，

$$\sum_{n=0}^{\infty} p_n = p_0 + p_1 + p_2 + \cdots + p_n + \cdots$$
$$= p_0 + \rho p_0 + \rho^2 p_0 + \cdots + \rho^n p_0 + \cdots$$
$$= p_0 (1 + \rho + \rho^2 + \cdots + \rho^n + \cdots)$$
$$= p_0 \frac{1}{1-\rho} \quad (\rho < 1) \text{※収束条件}$$

$$\sum_{n=0}^{\infty} p_n = 1 \text{ より } p_0 = 1-\rho$$
$$\therefore p_n = \rho^n p_0 = \rho^n(1-\rho)$$

例題 3.1.1 図 3.1 に示した待ち行列モデル（窓口が 1 つで，待合室の人数制限がなく，客が到着順に窓口でサービスを受ける）において，10 人分の客のデータが表 3.3 のように与えられた．シミュレーションを行い，この 10 人の客の平均待ち時間 W_q と平均滞在時間 W を求めよ．

表 3.3

客	1	2	3	4	5	6	7	8	9	10
到着間隔	—	2	7	4	1	7	4	9	2	5
サービス時間	3	2	9	8	7	2	5	1	8	7

解 （表 3.4 参照）平均待ち時間 $W_q = 5.90$，平均滞在時間 $W = 11.10$ となる．

表 3.4

客	到着間隔	サービス時間	到着時刻	サービス開始時刻	サービス終了時刻	待ち時間	滞在時間
1	—	3	0	0	3	0	3
2	2	2	2	3	5	1	3
3	7	9	9	9	18	0	9
4	4	8	13	18	26	5	13
5	1	7	14	26	33	12	19
6	7	2	21	33	35	12	14
7	4	5	25	35	40	10	15
8	9	1	34	40	41	6	7
9	2	8	36	41	49	5	13
10	5	7	41	49	56	8	15
平均	—	—	—	—	—	5.90	11.10

文　献

[1] 森村英典，大前義次："応用待ち行列理論"，pp.1-82，日科技連（1996）．
[2] Little, J. D. C.: A Proof for the Queuing Formula: L=λW, *Operations Research*, **9**(3): 383-387 (1961).

3.2　在庫シミュレーション（イベントモデル）

客の到着，生産の完了，故障などは一般に，確率的に生起すると考えられる．このような現象を伴うシステムの特性を解析する 1 つの方法にイベントモデルを利用する方法がある．すなわち，イベントモデルでは，連続時間上でのイベントの発生として確率現象がモデル化される．

3.2 在庫シミュレーション（イベントモデル）

ここでは，需要が時々刻々到着する販売店における発注方式の性能を解析する問題を例に，イベントシミュレーションの方法について説明する．

3.2.1 ポアソン到着

需要（客）はポアソン過程に従って到着すると考える．

需要の平均到着率をλとすると，$n-1$番目の需要が到着してからn番目の需要が到着するまでの時間間隔a_nは平均$1/\lambda$の指数分布に従う．到着時間間隔a_nを用いれば，n番目の需要の到着時刻A_nは漸化式

$$A_n = A_{n-1} + a_n \tag{3.1}$$

を用いて求めることができる．

Excelシートを用いて需要の到着データを作成してみよう．

表3.5は需要の到着データを作成するためのExcelシートの構成を示したものである．セルB2の数値10は需要の到着率λを設定している．

表 3.5 需要の到着データ作成シートの構成

	A	B	C	D
1		λ		
2		10		
3				
4	n	y_n	a_n	A_n
5	0			0.00
6	1	①	②	③
7	2	↓	↓	↓
8	3	↓	↓	↓
9	4	↓	↓	↓
10	5	↓	↓	↓

シート上のセルB6，C6，D6には，次の式①～③が入る．

①＝RAND()，②＝−LN(1−B6)/B\$2，③＝D5＋C6

①は区間$[0,1)$の一様乱数y_nを生成する．②は逆変換を利用して，一様乱数y_nを指数乱数a_nに変換している．ここでは，LN(0)となるのを回避するため，$1-y_n$を用いている．③は(3.1)式の計算式であり，需要の到着時刻を計算している．

表3.5を完成させると，表3.6に示す需要の到着データが得られる（ただし，RAND()関数が自動的に乱数を生成するため，数値は異なる）．図3.8は指数乱数によって生成した客の到着状況をグラフで示したものである．

表 3.6 需要の到着データ

n	y_n	a_n	A_n
0			0.00
1	0.76	0.14	0.14
2	0.01	0.00	0.15
3	0.79	0.16	0.30
4	0.25	0.03	0.33
5	0.66	0.11	0.44

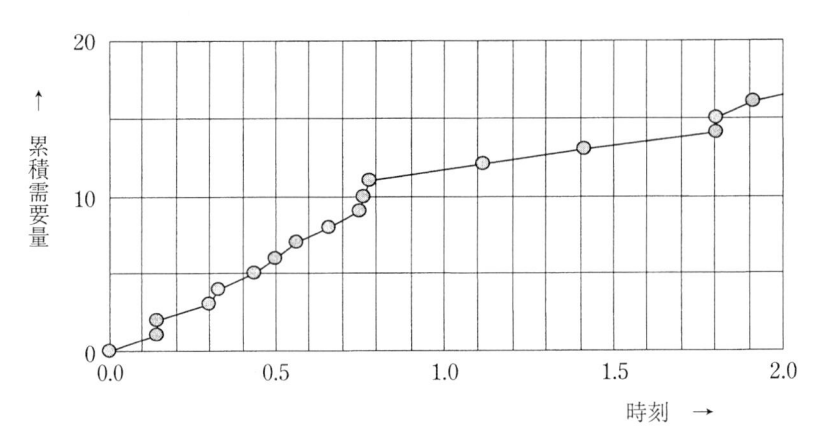

図 3.8 累積需要量の推移

3.2.2 発注システムシミュレーション

販売店は商品を営業所から調達し，販売している．商品を調達するための発注システムの性能をシミュレーションによって解析する．

[ケース①] 販売店への需要の到着は平均 $\lambda = 10$ のポアソン過程に従って到着する．商品を発注してから納入されるまでには，$L = 2$ 単位時間の納入リードタイムが必要である．すなわち，時刻 t に発注された商品は時刻 $t + L$ に納入される．需要に対して商品が不足した場合，その不足分は受注残として繰り越され，商品の入荷を待って，顧客に配送される．ただし，（不足量×遅れ時間）に比例して品切れ損失が発生する．商品の調達費用は 300（千円/回），保管費は 1（千円/(個・時間)），そして，品切れ損失は 30（千円/(個・時間)）とする．

・**定量発注方式**： 定量発注方式は，在庫量が発注点 K に達したら，一定量 Q を発注する方式である．ケース①の設定において，Excel シートを用いて，定量発注方式のシミュレーションシートを作成してみよう．

表 3.7 の列 A〜D は表 3.5 のシートと同じである．セル E2, F2 の数値 20, 60 はおのおの，定量発注方式におけるパラメータである発注点 K と発注量 Q

表 3.7 定量発注方式のシミュレーションシートの構成

	A	B	C	D	E	F	G	H	I
1		λ			K	Q	L		
2		10			20	60	2		
3									
4	n	y_n	a_n	A_n	実在庫	有効在庫	納入時刻	保管	品切
5	0			0.00	④		0.00		
6	1	0.76	0.14	0.14	⑤	⑥	⑦	⑧	⑨
7	2	0.01	0.00	0.15	↓	↓	↓	↓	↓
8	3	0.79	0.16	0.30	↓	↓	↓	↓	↓
9	4	0.25	0.03	0.33	↓	↓	↓	↓	↓
10	5	0.66	0.11	0.44	↓	↓	↓	↓	↓

の値を設定している．また，セル G2 の値 2 は納入リードタイムを設定している．
　シート上のセル E5, E6, F6, G6, H6, I6 には，次の式④〜⑨が入る．
　　④＝E2＋1
　　⑤＝E5－1＋IF(AND(D5＜G5,G5＜＝D6),F$2)
　　⑥＝E6＋IF(D6＜G5,F$2)
　　⑦＝IF(F6＜＝E$2,D6＋G$2,G5)
　　⑧＝IF(0＜E5,E5＊C6)＋IF(E5＜E6,(F$2＋IF(E5＜0,E5))＊(D6－G5))
　　⑨＝IF(0＜E5,0,－E5＊C6＋IF(E5＜E6,E5＊(D6-G5)))
　④では，初期在庫を（発注点＋1）に設定している．⑤は実在庫の計算式

$$実在庫＝前回の実在庫－1＋納入量$$

である．⑥は有効在庫の計算式

$$有効在庫＝実在庫＋納入残$$

を示しており，納入時刻が現在時刻より大きければ，納入残が発生していることを意味し，発注量を加えて有効在庫が計算される．⑦は現在の有効在庫が発注点 K 以下であるならば発注を行い，納入時刻を（現在時刻＋納入リードタイム）に設定する．

　⑧は，実在庫が正のとき，（需要の到着イベント間の時間間隔×実在庫）を算出する式である．ただし，到着イベントの間に納入イベントが発生する場合には補正を必要とする．つまり，表3.7に示されるイベントシミュレーションは到着イベントのみで在庫推移を記述する方法を採用しており，図3.9に示されるように，納入時における在庫の増加が考慮されない．そこで，納入イベントが発生したとき，次式の計算値を追加する処理が必要になる．

$$（納入後の需要到着時刻－納入時刻）\times 在庫補正量$$

　ここに，在庫補正量は，直前の在庫量が負ならば直後の在庫量，正ならば納入量となる．

　⑨は在庫量が負の値，すなわち，品切れ量を算出する式である．この場合に

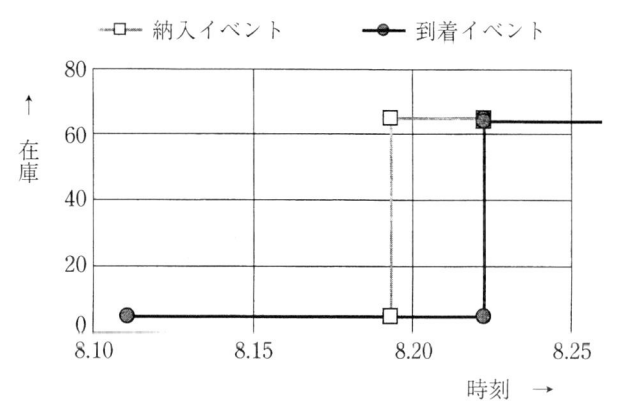

図 3.9　納入イベントによる在庫計算の補正

も，納入イベント発生時に，次の計算量の補正が必要である．

(納入後の需要到着時刻−納入時刻)×品切れ量

表3.7を完成させると，表3.8に示すシミュレーションの計算結果が得られる（ただし，RAND()関数が自動的に乱数を生成するため，数値は異なる）．

図3.10は20単位時間の在庫推移をグラフにしたものである．

需要の到着イベント5000回のシミュレーション解析により計算された単位時間平均の保管在庫量，発注回数，品切れ量および総費用は表3.9に示されている．その計算式は次の通りである．

保管在庫＝SUM(H6：H5005)/D5005

発注回数＝5000/F2/D5005

表3.8 定量発注方式のシミュレーションシート

n	y_n	a_n	A_n	実在庫	有効在庫	納入時刻	保管	品切
0			0.00	21		0.00		
1	0.76	0.14	0.14	20	20	2.14	3.025	0.00
2	0.01	0.00	0.15	19	79	2.14	0.019	0.00
3	0.79	0.16	0.30	18	78	2.14	2.947	0.00
4	0.25	0.03	0.33	17	77	2.14	0.519	0.00
5	0.66	0.11	0.44	16	76	2.14	1.818	0.00
6	0.48	0.06	0.50	15	75	2.14	1.037	0.00
7	0.46	0.06	0.56	14	74	2.14	0.922	0.00
8	0.63	0.10	0.66	13	73	2.14	1.391	0.00

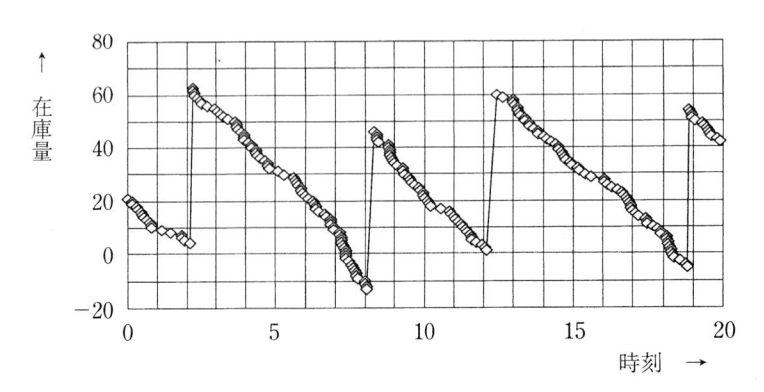

図3.10 定量発注方式における在庫量の推移

表3.9 定量発注方式のイベントシミュレーション結果 ($K=20$, $Q=60$)

保管在庫	30.911
発注回数	0.166
品切れ量	0.078
総費用	82.919

品切れ量＝SUM(I6：I5005)/D5005

総費用＝保管在庫＊1＋発注回数＊300＋品切れ量＊30

表3.9より，発注点20，発注量60の定量発注方式を用いた場合の単位時間あたりの総費用は81.919（千円/時間）になるという結果が導かれる．

シミュレーションシート上のセルE2，F2で設定される発注点Kと発注量Qの値を変更することによって，総費用を最小にする最適な定量発注方式を見つけることができる．

3.2.3 2段階サプライチェーン（SC）の最適化シミュレーション

販売店は定量発注方式(K_1, Q)を用いて商品を営業所から調達し，販売している．営業所はエシェロン在庫に基づいた定量発注方式(K_2, Q)を用いて工場から商品を調達している．すなわち，販売店の発注量と営業所の発注量は等しいものとし，図3.11に示される2段階のサプライチェーンが構成されている．ここに，エシェロン在庫は次式で定義される在庫である．

エシェロン在庫＝営業所の実在庫＋販売店の有効在庫

［ケース②］販売店の設定はケース①と同様とする．営業所が商品を工場に発注してから納入されるまでには，$L_2=2$単位時間の納入リードタイムが必要である．販売店からの注文に対して商品が不足した場合，その不足分は受注残として繰り越され，商品の入荷を待って，販売店に配送される．商品の調達費用は400（千円/回），保管費は1（千円/(個・時間)）とする．

ケース②の設定のもとで，Excelシートを用いて，2段階SCのイベントシミュレーションシートを作成する．

表3.10の列A〜F，H，Iは表3.5のシートと同じである．ただし，販売店と営業所の見出しは，実在庫をS^1，S^2，エシェロン実在庫をES，有効在庫をAS^1，エシェロン有効在庫をAES，納入時刻をDT^1，DT^2と表記している．

列Gは式⑦が次式⑦*に変更されている．

⑦*＝IF(F6＜＝E$2, IF(D6＜M6, M6+G$2, D6+G$2), G5)

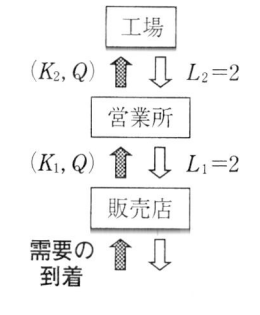

図3.11 2段階サプライチェーンの構成

表3.10 2段階SCのイベントシミュレーションシートの構成

	G	H	I	J	K	L	M	N	O
1	L_1			K_2			L_2		
2	2			40			2		
3									
4	DT^1	保管1	品切1	S^2	ES	AES	DT^2	保管2	品切2
5	0.00						0.00		
6	⑦*	⑧	⑨	⑩	⑫	⑬	⑭	⑮	⑯
7	↓	↓	↓	⑪	↓	↓	↓	↓	↓
8	↓	↓	↓	↓	↓	↓	↓	↓	↓
9	↓	↓	↓	↓	↓	↓	↓	↓	↓
10	↓	↓	↓	↓	↓	↓	↓	↓	↓

これは，販売店の発注に対し，営業所に在庫がなく，工場からの入荷を待って出荷する場合を考慮するためである．

　列 J～O は営業所の活動を解析するために追加されたものである．セル J2 の数値 40 は営業所のエシェロン在庫に対する発注点 K_2 を設定している．セル M2 の値 2 は工場からの納入リードタイム L_2 である．

　シート上の⑩～⑯には，次の式が入る．

⑩ ＝F2
⑪ ＝J6-IF(F6<F7,F$2)+IF(AND(D6<M6,M6<D7),F$2)
⑫ ＝J6+F6
⑬ ＝K6+IF(D6<M5,F$2)
⑭ ＝IF(L6<=J$2,D6+M$2,M5)
⑮ ＝IF(AND(G5<G6,D6+G$2=G6),F$2*(D6-M5),0)
⑯ ＝IF(AND(G5<G6,D6+G$2<G6),F$2*(G6-G$2-D6),0)

⑩は営業所の初期在庫量を発注量 Q に設定している．⑪は販売店への出荷による在庫の削減と販売店への需要の到着時刻，セル D6 とセル D7 の時刻間に工場からの納入（セル M6 の時刻）が生起した場合の増加を計算している．

⑫はエシェロン在庫（ES）の計算である．⑬はエシェロン在庫に工場からの未入荷量を加えた有効在庫（AES）を計算している．⑭はエシェロン有効在庫 AES が発注点 K_2 以下のとき，工場からの納入時刻を（現時点＋納入リードタイム L_2）に設定している．

⑮は営業所の実在庫が正のときの保管量・時間を，発注量×(営業所の出荷時刻−営業所への入荷時刻)によって算出する式である．⑯は営業所の実在庫が負のときの品切れ量・時間を，発注量×(営業所の出荷時刻−販売店の発注時刻)によって算出する式である．

　表 3.10 を完成させると，表 3.11 に示すイベントシミュレーションの計算結果が得られる（ただし，RAND() 関数が自動的に乱数を生成するため，数値は異なる）．図 3.12 は 20 単位時間の在庫推移をグラフで示したものである．

　需要の到着イベント 5000 回のシミュレーション解析により計算された単位時間平均の保管在庫量 1（販売店），保管在庫量 2（営業所），発注回数，品切れ量

表 3.11 定量発注方式を用いた 2 段階 SC のイベントシミュレーションシート

S^1	AS^1	DT^1	保管1	品切1	S^2	ES	AES	DT^2	保管2	品切2
21		0.00						0.00		
20	20	2.14	3.03	0.00	60	80	80	0.00	8.64	0.00
19	79	2.14	0.02	0.00	0	79	79	0.00	0.00	0.00
18	78	2.14	2.95	0.00	0	78	78	0.00	0.00	0.00
17	77	2.14	0.52	0.00	0	77	77	0.00	0.00	0.00
16	76	2.14	1.82	0.00	0	76	76	0.00	0.00	0.00

3.2 在庫シミュレーション（イベントモデル）

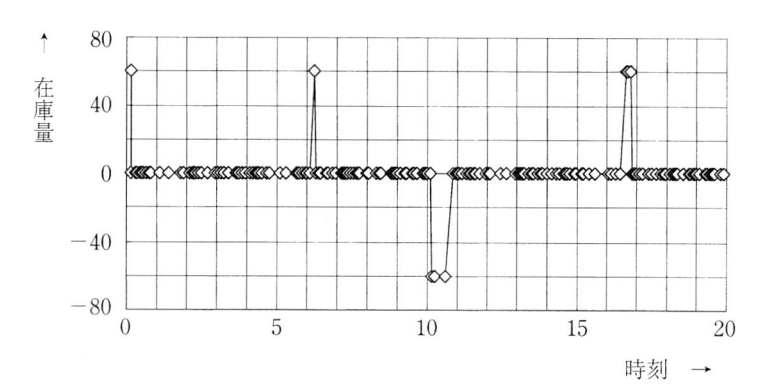

図3.12 定量発注方式を用いた2段階SCにおける営業所の在庫量推移

表3.12 定量発注方式のシミュレーション結果（$K_1=20$, $K_2=40$, $Q=60$）

保管在庫1	29.220
保管在庫2	1.869
発注回数	0.166
品切1	0.139
総費用	151.178

（販売店）および総費用は表3.12に示されている．その計算式は次の通りである．

保管在庫1＝SUM(H6：H5005)/D5005

保管在庫2＝SUM(N6：N5005)/D5005

発注回数＝5000/F2/D5005

品切1＝SUM(I6：I5005)/D5005

総費用＝（保管在庫1＋保管在庫2）＊1＋発注回数＊（300＋400）＋品切1＊30

セルE2，F2およびJ2で設定される販売店の発注点K_1，発注量Qおよび営業所の発注点K_2を適切に設定すれば，定量発注方式を用いた2段階SCを最適化できる．

図3.13は$K_2=40$のもとで，K_1とQを各々2，10間隔で変化させたときの総費用を等高線で示したものである．このとき，$K_1=34$，$Q=130$で最小費用119.4が得られている．

K_2を2間隔で変化させ，同様の計算を行って得られた最小費用とK_2の関係を示したのが図3.14である．

図3.14より，$K_2=36$が営業所の最適発注点であることが導かれる．イベントシミュレーションにより求められた定量発注方式を用いた2段階SCの最適設定は$K_1=30$，$K_2=36$，$Q=130$であった．ただし，5000個のシミュレーションでは，乱数によって結果が大きく変動することに注意する必要がある．

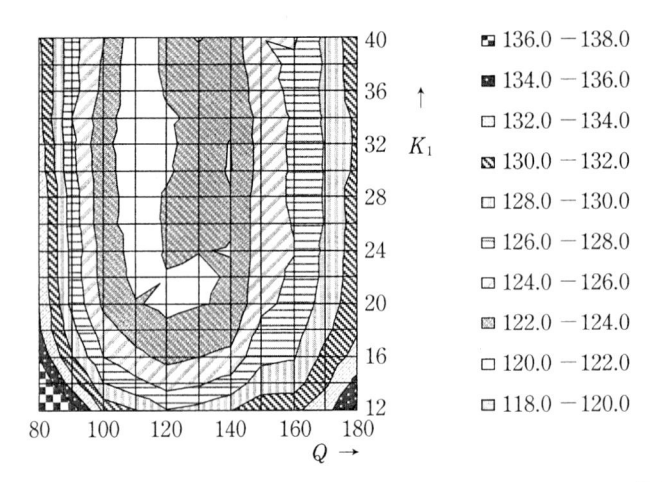

図 3.13 販売店における定量発注方式 (K_1, Q) の評価 ($K_2 = 40$ の場合)

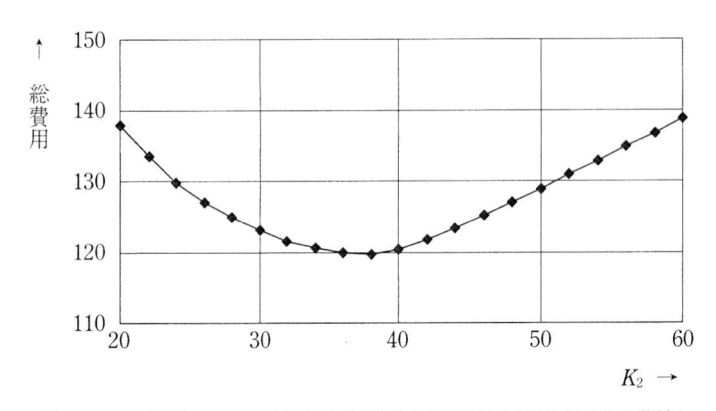

図 3.14 2 段階 SC における最小費用と営業所の発注点 K_2 の関係

例題 3.2.1 表 3.6 の到着データから，到着時間間隔 a_n の度数分布を作成せよ．

解 図 3.15 は，10000 個の到着データから 0.2 間隔の区間幅で度数を計算し，度数を $1/(0.2 \times 10000)$ 倍し，密度として表現したものである．これより，平均 1 の指数分布に従う乱数が生成されていることが確認できる．

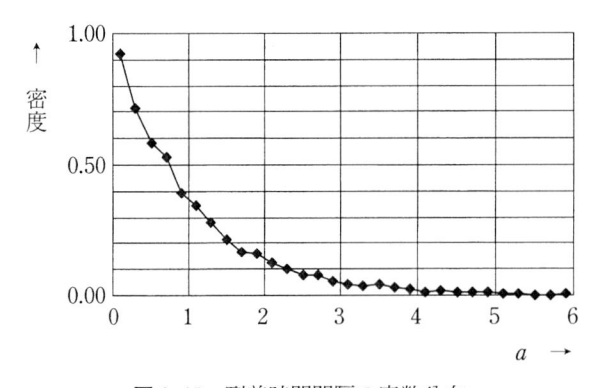

図 3.15 到着時間間隔の度数分布

3.2 在庫シミュレーション（イベントモデル）

例題3.2.2 表3.7の定量発注方式のシミュレーションシートを用い，最適な発注点Kと発注量Qを求めよ．

解 発注点Kと発注量Qを変化させて，総費用を計算した結果が表3.13である．表より，発注点$K=18$，発注量$Q=70$としたとき，最小費用79.7が得られる．

例題3.2.3 表3.11の定量発注方式を用いた2段階SCのイベントシミュレーションシートを用い，条件$L_2=3$のみを変更した場合の定量発注方式を用いた2段階SCの最適条件を求めよ．

解 営業所の発注点K_2を固定した条件のもとで，最適な販売店の発注点K_1と発注量Qの値を求める計算を，$K_2=30 \sim 60$（2間隔）に対して繰り返すと，表3.14の結果が得られる．

表3.13 発注点Kおよび発注量Qと総費用

総費用	発注量Q						
	60	70	80	90	100	110	120
発注点K 12	89.7	87.1	84.8	84.2	84.4	85.8	86.9
14	85.9	83.2	82.2	81.7	82.5	83.9	86.1
16	83.7	80.8	80.7	80.3	81.6	83.0	86.0
18	82.8	79.7	80.3	80.0	81.5	83.1	86.5
20	82.9	79.9	80.8	80.4	82.2	83.8	87.5
22	83.8	80.9	81.7	81.5	83.5	85.1	88.9
24	85.2	82.3	83.1	83.0	85.1	86.9	90.5
26	86.9	84.0	84.6	84.8	87.0	88.8	92.3

表3.14

K_1	K_2	Q	総費用
28	30	160	136.924
28	32	160	132.896
26	34	160	129.408
28	36	160	126.757
30	38	160	124.973
16	40	140	123.788
18	42	140	121.951
42	44	110	121.041
40	46	110	120.210
42	48	110	120.090
44	50	110	120.771
44	52	110	121.990
38	54	110	123.511
40	56	110	125.184
42	58	110	127.076
32	60	130	129.026

文　献

[1] 平川保博："オペレーションズ・マネジメント"，森北出版（2000）．
[2] Silver, E. A., Pyke, D. F., Peterson, R.："Inventory Management and Production Planning and Scheduling (3rd ed.)", John Wiley & Sons (1998).

3.3 生産システムシミュレーション

ここでは，2つの生産工程が直列に連結された2段階直列型生産システムの性能を解析する問題におけるイベントシミュレーションの方法について説明する．

3.3.1 待ち行列システムと生産システムの同値性

待ち行列システムにおける客の到着時間間隔を第一工程の作業時間，窓口でのサービス時間を第二工程の作業時間と考えると，待ち行列システムと生産システムはまったく同じシミュレーションシートで解析できる（図3.16）．

生産システムでは，一般に，工程間の負荷バランスが等しく $\lambda=\mu$ となるように設計されるが，そのままでは工程間に在庫が限りなく増加してしまう．工程間在庫の増加を抑える方策として，かんばん方式が知られている．2段階直列型生産システムでは，かんばんは品物といっしょに生産システム内を移動し，第二工程で生産を完了したとき，かんばんが外され，第一工程での生産指示に使用されるものとする（図3.17参照）．

この生産システムにおいて，n 番目の品物の第一工程での作業時間を a_n，その作業完了時刻を A_n，第二工程での作業時間を s_n，その作業完了時刻を D_n と表現する．このとき，第一工程での完了時刻 A_n は次式で計算される．

$$A_n = \mathrm{Max}(A_{n-1}, D_{n-K}) + a_n \tag{3.2}$$

ここに，K はかんばん枚数を示しており，システム内の仕掛在庫量を制限する．

n 番目の品物の第二工程での完了時刻 D_n は

$$D_n = \mathrm{Max}(A_n, D_{n-1}) + s_n \tag{3.3}$$

で計算される．

この2段階直列型生産システムは，第一工程の作業時間が平均 $1/\lambda$ の指数分

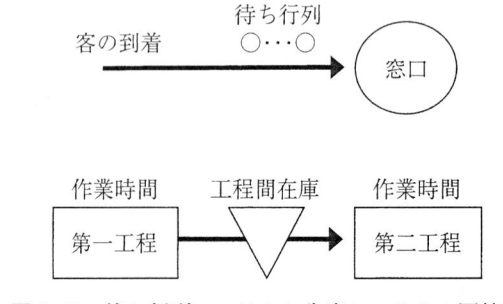

図 3.16 待ち行列システムと生産システムの同値性

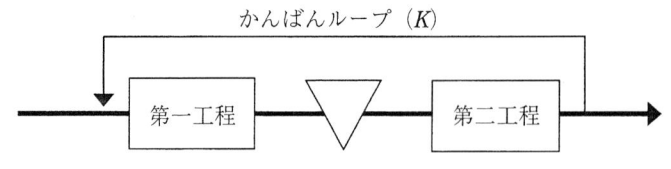

図 3.17 かんばん制御による2段階生産システム

布，第二工程の作業時間が平均$1/\mu$の指数分布に従うと仮定すれば，$M(\lambda)/M(\mu)/1$待ち行列システムとして定式化される．

かんばん枚数Kの2段階直列型生産システムは，待ち行列システム$M(\lambda)/M(\mu)/1/K$として定式化され，第二工程が空である確率P_0は次式で計算されることが導かれる．

$$P_0 = \begin{cases} \dfrac{1}{K+1} & (\lambda = \mu) \\ \dfrac{\mu - \lambda}{\mu^{K+1} - \lambda^{K+1}} \mu^K & (\lambda \neq \mu) \end{cases} \tag{3.4}$$

このとき，システム生産率vは第二工程の稼働率$1-P_0$と生産率μの積として，次式で求められる．

$$v = (1 - P_0)\mu \tag{3.5}$$

3.3.2 かんばん制御による生産システムのシミュレーション

待ち行列システム$M(\lambda)/M(\mu)/1/K$では，数式解析によって，容易に(3.4)式の結果を導くことができる．しかしながら，作業時間分布の仮定が異なると，一般に，数式解析は困難になる．そのような場合には，シミュレーション解析が利用されることになる．

ここでは，$M(\lambda)/M(\mu)/1/K$を仮定した生産システムのシミュレーションシートを作成し，その妥当性を(3.4)式によって検証してみよう．

表3.15は生産システムのシミュレーションシートの構成を示したものである．ここでは(3.2)式に表れるかんばん枚数KをExcelシートではパラメータとして変更できるように工夫されている．それはセルH11, I6の式⑦である．

⑦=IF(\$D\$2<A6,INDIRECT("G"&(ROW()−\$D\$2)),0)

表3.15 生産システムのイベントシミュレーションシートの構成

	A	B	C	D	E	F	G	H
1		λ	μ	K				
2		1.0	1.2	5				
3								
4	n	y_n	a_n	A_n	z_n	s_n	D_n	D_{n-K}
5	0			0.00			0.00	
6	1	①	②	③	④	⑤	⑥	0.00
7	2	↓	↓	↓	↓	↓	↓	0.00
8	3	↓	↓	↓	↓	↓	↓	0.00
9	4	↓	↓	↓	↓	↓	↓	0.00
10	5	↓	↓	↓	↓	↓	↓	0.00
11	6	↓	↓	↓	↓	↓	↓	⑦
12	7	↓	↓	↓	↓	↓	↓	↓

⑦は，現在の行からかんばん枚数だけ遡った，K 個前の完了時刻を抽出する式であり，生産番号 n が K 個までは 0 に設定される．

①〜⑥には次の式が入る．

　①＝RAND()
　②＝−LN(1−B6)/B\$2
　③＝IF(D5＜H6,H6,D5)＋C6
　④＝RAND()
　⑤＝−LN(1−E6)/C\$2
　⑥＝IF(D6＜G5,G5,D6)＋F6

③と⑥は，各々 (3.2) 式と (3.3) 式の計算をしている．

表 3.15 を完成させると，表 3.16 に示す需要の到着データが得られる（ただし，RAND() 関数が自動的に乱数を生成するため，数値は異なる）．

表 3.17 は生産個数を 10000 個としたシミュレーションにより求められた生産率と理論式 (3.5) により求められた値を比較したものである．シミュレーションシートにおける生産率の計算式は

　　生産率＝A10005/G10005

である．

セル B2, C2 および D2 で設定される生産率 λ, μ およびかんばん枚数 K を変更すれば，異なる条件を持つ生産システムの生産率が導かれる．

表 3.16　生産システムのイベントシミュレーションシート

n	y_n	a_n	A_n	z_n	s_n	D_n	D_{n-K}
0			0.00			0.00	
1	0.76	1.44	1.44	0.67	0.34	1.78	0.00
2	0.01	0.01	1.45	0.02	3.44	5.22	0.00
3	0.79	1.55	3.00	0.11	1.86	7.09	0.00
4	0.25	0.29	3.29	0.16	1.51	8.59	0.00
5	0.66	1.07	4.36	0.88	0.11	8.71	0.00
6	0.48	0.65	5.01	0.36	0.84	9.55	1.78

表 3.17　生産システムのイベントシミュレーション結果

	生産率
シミュレーション	0.884
理論式	0.899

3.3.3 共有保管政策と占有保管政策のシミュレーション

工具を保管する倉庫の入出庫管理の問題を考える．簡単のため，倉庫には2つの工具 $T_j(j=1,2)$ が保管されており，貸出要求により出庫される．貸し出された工具はある貸出期間経過後に返却され，倉庫に保管される．

工具 T_j の貸出時間 a_j と保管時間 b_j は各々，平均 α_j と平均 β_j の指数分布に従うものとする．工具の使用特性は表3.18に示されている．

表3.18 工具の使用特性

工具	α_j	β_j
1	1	3
2	4	2

保管場所 X_1（近い）と X_2（遠い）に2つの工具 T_1，T_2 を保管する方法として，共有保管政策と占有保管政策が知られている．共有保管政策は保管場所を2つの工具で共有し，到着順に近いところから保管する．占有保管政策は工具ごとに保管場所を固定して保管する．倉庫の管理者は工具の入出庫作業における移動距離を削減したい．

2つの保管政策：共有保管政策と占有保管政策の性能をシミュレーションによって解析してみよう．

表3.19は倉庫保管政策のイベントシミュレーションのための入庫時刻と出庫時刻を生成するためのExcelシートの構成を示している．

シート上のB5には，次の式が入る．

① = LN(1 RAND())＊B$2

これは，セルB2で指定された平均を持つ指数分布に従う工具 T_1 の貸出時間を生成している．式①をフィルハンドルで横にコピーすると，各々，指定された平均を持つ指数分布に従う工具 T_1 の保管時間，工具 T_2 の貸出時間および保管時間の計算式が生成される．さらに，下側にコピーして，1000回のイベントを生成する．

シートのF5，H5，J5，L5には，次の式が入る．

② =H4+B5，　③ =F5+C5，　④ =L4+D5，　⑤ =J5+E5

これらは，各々，B列～E列に生成された入出庫時間を累積して入出庫時刻を算出している．ここに，工具 T_1，T_2 が貸し出されている状態を初期状態としてい

表3.19 工具の入庫時刻と出庫時刻データの作成シートの構成

	A	B	C	D	E	F	G	H	I	J	K	L	M
1		α_1	β_1	α_2	β_2								
2		1	3	4	2	\multicolumn{8}{c	}{入庫時刻と出庫時刻}
3	n	a^1_n	b^1_n	a^2_n	b^2_n	A^1_n	1	D^1_n	2	A^2_n	3	D^2_n	4
4						0.00		0.00		0.00		0.00	
5	1	①	→	→	→	②	1	③	2	④	3	⑤	4
6	2	↓	↓	↓	↓	↓	1	↓	2	↓	3	↓	4
7	3	↓	↓	↓	↓	↓	1	↓	2	↓	3	↓	4
8	4	↓	↓	↓	↓	↓	1	↓	2	↓	3	↓	4

る．G列，I列，K列，M列は各々，工具 T_1 の入庫，工具 T_1 の出庫，工具 T_2 の入庫，工具 T_2 の出庫を識別するための番号である．

表3.19を完成させたものが表3.20である．貸出回数を各々1000回としたとき，工具 T_1, T_2 の最後の貸出時刻は

・工具 T_1： 4013.3
・工具 T_2： 6186.8

であった．工具 T_1, T_2 の1000回目の貸出時刻の期待値は $(\alpha_j + \beta_j) \times 1000$ である．したがって，シミュレーションによって計算された値は少し多めである．この値は生成される乱数によって期待値を中心にして変動する．

表3.20で作成された入出庫時刻を用いて，共有保管政策のイベントシミュレーションシートを作成してみよう．

表3.21は共有保管政策を使用した場合における入出庫イベントをシミュレーションするためのExcelシートの構成を示したものである．

セル操作を行うごとにRAND()関数の値が変化するので，まず，表3.20で作成した入出庫時刻のデータを確定させる．そのために，入出庫データシートにおいて，F列〜M列をコピーし，O列〜V列に値として貼り付ける．次に，確定した入庫時刻と出庫時刻のデータを識別番号と対にして，イベントシミュレーションシートのA列とB列の4行目から順番に連結して貼り付ける．すなわち，最初に入出庫データシートのO5とP1004で囲まれる範囲のセルをコピ

表3.20 工具の入庫時刻と出庫時刻のデータ

	α_1	β_1	α_2	β_2							
	1	3	4	2	入庫時刻と出庫時刻							
n	a^1_n	b^1_n	a^2_n	b^2_n	A^1_n	1	D^1_n	2	A^2_n	3	D^2_n	4
					0.00		0.00		0.00		0.00	
1	0.95	1.48	6.71	0.43	0.95	1	2.43	2	6.71	3	7.15	4
2	1.33	0.42	4.67	3.40	3.75	1	4.17	2	11.81	3	15.22	4
3	1.32	1.00	4.76	2.45	5.50	1	6.50	2	19.97	3	22.42	4
4	1.51	3.59	1.45	2.03	8.00	1	11.59	2	23.87	3	25.90	4

表3.21 共有保管政策のイベントシミュレーションシートの構成

	A	B	C	D	E	F	G	H	I	J
1	時刻	識別番号	入出庫状況		保管状況		入出庫回数		保管時間	
2			A_1	A_2	X_1	X_2	X_1	X_2	X_1	X_2
3					0	0	0	0		
4	2.42	3	①	②	③	④	⑤	⑥	⑦	⑧
5	4.00	1	↓	↓	↓	↓	↓	↓	↓	↓
6	6.21	4	↓	↓	↓	↓	↓	↓	↓	↓
7	6.45	2	↓	↓	↓	↓	↓	↓	↓	↓
8	6.66	1	↓	↓	↓	↓	↓	↓	↓	↓

し，イベントシミュレーションシートの A4 から B1003 に貼り付ける．次に，入出庫データシートの Q5 と R1004 の範囲をコピーし，A1004 から B2003 に貼り付ける．同様の操作を繰り返し，A4 から B4003 への入出庫データのコピーを完成させる．

貼り付けられたセル A4 から B4003 の範囲のデータを選択し，時刻について昇順ソートを行う．表 3.21 の A 列，B 列は昇順ソートを行った後の状態である．

A 列にイベントの発生時刻が示され，B 列が発生したイベントを識別する番号になっている．したがって，このイベント発生時刻と識別番号でイベント内容を追跡することによって，入出庫状態，保管場所，入出庫回数および保管時間をシミュレーションすることができる．

①～⑧には，次の式が入る．

 ①＝IF(B4＝1,1,IF(B4＝2,0,C3))
 ②＝IF(B4＝3,3,IF(B4＝4,0,D3))
 ③＝IF(OR(B4＝1,B4＝3),IF(E3＝0,B4,E3),IF(B4＝E3＋1,0,E3))
 ④＝IF(OR(B4＝1,B4＝3),IF(E3＜＞0,B4,F3),IF(B4＝F3＋1,0,F3))
 ⑤＝G3＋IF(E3＜＞E4,1,0)
 ⑥＝H3＋IF(F3＜＞F4,1,0)
 ⑦＝IF(0＜E4,A5－A4,0)
 ⑧＝IF(0＜F4,A5－A4,0)

式①，②は入出庫状況を抽出する計算式である．①では，工具 T_1 の保管状態を 1，出庫状態を 0 で示している．すなわち，入庫状態にある工具 T_1 は識別番号 2 で示される出庫要求が到着するまで保管状態 1 を継続する．②では，工具 T_2 の保管状態を 3，出庫状態を 0 で示している．③，④では各々，保管場所 X_1, X_2 に保管されている工具の識別番号を抽出している．識別番号 1, 3 のいずれかで示される保管要求が到着したとき，近い保管場所 X_1 が空であれば，到着した工具を X_1 に保管し，空でない場合は，保管されている工具を継続する．この際，セルには，識別番号が記入される．

式⑤，⑥では，保管場所 X_1, X_2 における入出庫回数を計算している．式⑦，⑧は各々，保管場所 X_1, X_2 における保管時間の計算式である．

表 3.20 で生成した工具 T_1 の 1000 回目の出庫時刻は工具 T_2 の出庫時刻 6186.8 より早く，4013.3 であった．したがって，表 3.22 のイベントシミュレーションシートでは，時刻 4013.3 までのシミュレーションが有効である．これは，この時刻を越えると，工具 T_1 の入出庫イベントが生成されていないという理由からである．

表 3.22 において，時刻 4013.3 のイベントは 3305 行であった．そこで，3305 行までのシミュレーション結果を利用すると，表 3.23 に示す共有保管政策の解析結果が得られる（ただし，乱数が異なればこの行数は変化するので，注意が必

表 3.22　共有保管政策のイベントシミュレーションシート

時刻	識別番号	入出庫状況 A_1	A_2	保管状況 X_1	X_2	入出庫回数 X_1	X_2	保管時間 X_1	X_2
				0	0	0	0		
0.95	1	1	0	1	0	1	0	1.48	0.00
2.43	2	0	0	0	0	2	0	0.00	0.00
3.75	1	1	0	1	0	3	0	0.42	0.00
4.17	2	0	0	0	0	4	0	0.00	0.00
5.50	1	1	0	1	0	5	0	1.00	0.00

表 3.23　共有保管政策の性能

	X_1	X_2	計（平均）
入出庫回数	2090	1212	3302
保管時間	2908	1407	4316
解析時間	4013		—
稼働率	0.725	0.351	0.538

表 3.24　占有保管政策の性能

	X_1	X_2	計（平均）
入出庫回数	2007	1338	3344
保管時間	3010	1338	4348
解析時間	4013		—
稼働率	0.750	0.333	0.542

要である）．なお，表の保管時間の計が一致しないのは，端数を四捨五入しているからである．

ここに，保管場所 X_1，X_2 の保管時間は，次式で計算される．3305 行目が含まれないのは，保管時間の計算において，3304 行目の保管時間が 3304 行目の時刻と 3305 行目の時刻の差として計算されているからである．

　　保管場所 X_1 の保管時間＝SUM(I4：I3304)

　　保管場所 X_2 の保管時間＝SUM(J4：J3304)

保管場所 X_1 に入出庫回数の多い工具 T_1 を，保管場所 X_2 に工具 T_2 を保管する占有保管政策の性能は表 3.24 に示される．ここに，入出庫回数と保管時間は，表 3.18 より，解析時間 4013 に対する理論値を計算している．

表 3.23 と表 3.24 の入出庫回数を比較すると，共有保管政策を用いることによって，近い保管場所 X_1 の入出庫回数が増加しており，表 3.18 の条件のもとでは，共有保管政策が有効であるという結果が導かれる．

例題 3.3.1　表 3.16 の生産システムのイベントシミュレーションシートを用い，かんばん枚数 $K=1,2,\cdots,6$ と生産率の関係を求めよ．

解 表3.25にシミュレーション結果を示している．理論値は (3.4)式を用いて計算している．

表3.25 かんばん枚数とシステム生産率

K	シミュレーション	理論値
1	0.5404	0.5455
2	0.7182	0.7253
3	0.8019	0.8137
4	0.8511	0.8656
5	0.8840	0.8993
6	0.9081	0.9226

例題3.3.2 表3.26に示される工具使用特性のもとで，共有保管政策と占有保管政策の性能を比較せよ．

表3.26 工具の使用特性

工具	α_j	β_j
1	1	3
2	4	4

解 表3.20のシートを用いて，表3.26に示される工具の使用特性のもとでの入出庫データを作成し，表3.22の共有保管のイベントシミュレーションシートを用いて解析すると，表3.27の結果を得る．

表3.27 共有保管政策の性能

	X_1	X_2	計（平均）
入出庫回数	1887	1110	2997
保管時間	3037	2029	5066
解析時間	4015		—
稼働率	0.758	0.505	0.631

表3.28の占有保管政策の性能と比較すると，保管場所X_1における入出庫回数が共有保管にすることによって減少している．これより，占有保管政策の方が，入出庫距離を削減できることがわかる（保管時間の計が一致しないのは四捨五入のため）．

表3.28 占有保管政策の性能

	X_1	X_2	計（平均）
入出庫回数	2008	1004	3012
保管時間	3012	2008	5019
解析時間	4015		—
稼働率	0.75	0.50	0.625

文　献

[1] 平川保博：“オペレーションズ・マネジメント”，森北出版 (2000)．
[2] Hausman, W. H., Schwarz, L. B. and Graves S. C.：Optimal Storage Assignment in Automatic Warehousing Systems, *Management Science*, **22**(6)：629-638 (1976)．

第4章 シミュレーション結果の評価と最適化

4.1 シミュレーション結果の評価

ここではシミュレーション結果の評価方法とシミュレーションを計画する際に注意すべき点について説明する．

4.1.1 シミュレーション結果の評価

シミュレーションによって得られた結果をどのように評価するかについて述べる．一般に，シミュレーションモデルには確率的に変動する要因（確率変数）が含まれている．たとえば，待ち行列モデルの場合，客の到着間隔やサービス時間などが確率変数である．したがって，シミュレーションの結果から得られる評価値（たとえば，平均待ち行列長さ，平均待ち時間など）は，常に一定の値となるわけではなく，シミュレーションを行ったときに偶然得られた確率変数の実現値に依存し毎回変動する．別の言い方をすれば，本来ならば無限個の値から計算するべきところを有限個のサンプルから評価値を計算しているため，サンプルの選び方によって計算結果（評価値）が変化してしまうというわけである．このような背景から，1回のシミュレーションで得られた計算結果だけから意思決定を行うべきではなく，何度かのシミュレーションを繰り返して得られた結果から，我々が求めたい評価値の真の値がどの程度であるかを推測する必要がある．ここでは，第 i 回目のシミュレーションで得られたシステムの評価値 x_i ($i=1,2,\cdots,n$) が与えられたときに，この x_i を用いてシミュレーション結果を評価するための代表的な方法をいくつか紹介する．

a．点推定　点推定（point estimation）とは母集団の様子を表す母平均 μ，母分散 σ^2，母標準偏差 σ などの母数（population parameter）をデータ x_i ($i=1,2,\cdots,n$) から1つの値（1点）で推測することで，シミュレーション結果の整理方法としてよく用いられる基本的な方法である．ここで母平均 μ は母集団の中心位置，母分散 σ^2 と母標準偏差 σ は中心からの広がり具合（ばらつき）を表す量である．これら母数の値は未知なので，シミュレーションを行い得られたデータからそれらの値を推測することなる．

何を母集団として捉えるかは場合によって異なるが，たとえば，あるサービスシステムにおける窓口の平均待ち時間を知りたいという場合であれば，この窓口に到着するすべての客が母集団となる．そしてこのすべての客の待ち時間の平均

値がここで求めたい値であり，これが母平均 μ である．しかしながら，すべての客の到着間隔やサービス時間を把握することは不可能である．そこで，適当な数の客をサンプルとして選択しシミュレーションを行って，すべての客の平均待ち時間（母平均 μ）を推測するわけである．

母数を推測するためにデータから計算される値を統計量（statistics）と呼ぶ．以下に，データ x_i から母平均，母分散，母標準偏差を推測する統計量の計算方法を示す．

・母平均 μ を推測するための統計量：

$$\text{標本平均}\quad \bar{x} = \frac{\sum_{i=1}^{n} x_i}{n}$$

・母分散 σ^2 を推測するための統計量：

$$\text{標本分散}\quad V = \frac{\sum_{i=1}^{n}(x_i - \bar{x})^2}{n-1}$$

・母標準偏差 σ を推測するための統計量：

$$\text{標本標準偏差}\quad s = \sqrt{V} = \sqrt{\frac{\sum_{i=1}^{n}(x_i - \bar{x})^2}{n-1}}$$

標本分散と標本標準偏差のどちらも標本平均（$\bar{x}$）からのずれ具合を計算しており，すべてのデータが同じ値のときに最小値 0（標本平均と個々のデータの間にずれがない），逆にデータのばらつきが大きいときほど両者ともに大きな値をとる．標本分散はデータ x_i とは次元が異なっているため，平方根をとることによってデータと次元をそろえたものが標本標準偏差である．

[計算例①] ある工場において 1 バッチ（セット）＝1000 個の製品の生産に必要な総生産時間を求めるためにシミュレーションを行った．ここでは 1 回のシミュレーションで 1 バッチの製品を生産し，これを 10 回繰り返したところ表 4.1 に示す結果が得られた．

表 4.1 計算例①のデータ

繰り返し回数	1	2	3	4	5	6	7	8	9	10
総生産時間(分)	279	312	301	304	364	310	312	316	295	301

この表 4.1 に示されたデータ（総生産時間）から標本平均 $\bar{x}$，標本分散 V，および標本標準偏差 s を計算すると次のようになる（小数点以下第 2 位を四捨五入）[1]．

$$\bar{x} = 309.4,\quad V = 482.3,\quad s = 22.0$$

---

[1] 参考：Excel を利用するときには，メニューにある「ツール」の「分析ツール」から〈基本統計量〉の機能を用いる方法と，次の関数を用いる方法がある．
$\bar{x} =$ average，$V =$ var，$s =$ stdev

● **b．区間推定**　　母数を点推定のように1つの値ではなく，区間で推測する方法として区間推定（interval estimation）と呼ばれるものがある．区間推定は点推定値における誤差の程度を示し，母数の真の値の存在範囲として下限と上限を示すもので，この区間のことを信頼区間（confidence interval）と呼ぶ．ただし，真の値が常にこの信頼区間に存在するという保証がなされるものではなく，高い確率（信頼率）で存在するという意味である．

たとえば，点推定の計算例①で考えてみると，1バッチの製品の総生産時間について標本平均を $\bar{x}=309.4$ と求めたが，シミュレーションの1回目では279分，5回目では364分となっており，標本平均から大きく離れている．確率的要素を含むシミュレーションを行っているのであるからその結果がばらつくのは当然であるとしても，シミュレーション結果に基づいてシステムを設計する際に，この標本平均がどの程度信頼できるのかを定量的に表したい．このようなときに，有効なのが区間推定である．

具体的な手順は後で述べるが，この計算例1について信頼区間（信頼率95%）を求めると (293.7, 325.1) となる．つまり，総生産時間の母平均は95%の信頼率で293.7から325.1の間の区間に存在する，と考えられる．単にデータから標本平均だけを示されるよりも，このように信頼区間を示されたほうがさまざまなシステムの設計上有用である．データおよびこの信頼区間をグラフにすると図4.1のようになる．

それでは，母平均 μ の信頼区間を求めるための考え方・方法を述べる．

データ x_i $(i=1,2,\cdots,n)$ はそれ自身が第 i 回目のシミュレーション内における数多くの観測値の和や平均値（たとえば，客数10000人の平均待ち行列長さや平均待ち時間など）を表しているので，中心極限定理より x_i が近似的に正規分布に従うと仮定でき，データ x_i $(i=1,2,\cdots,n)$ から計算した標本平均 $\bar{x}$ について次のことが知られている（詳細については文献[1]などを参照せよ）．

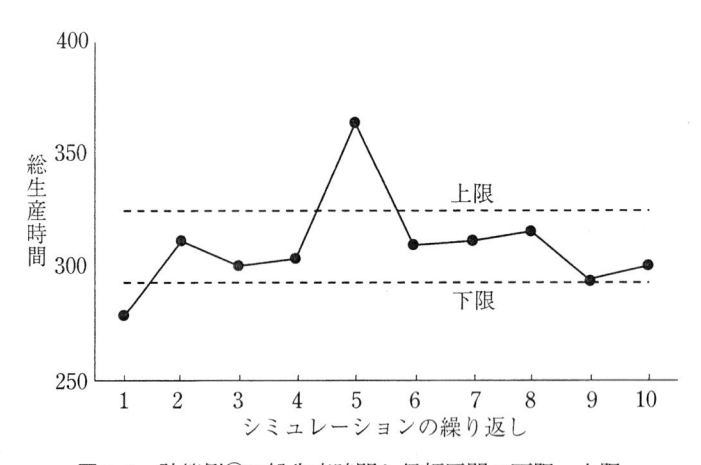

図 4.1　計算例①の総生産時間と信頼区間の下限・上限

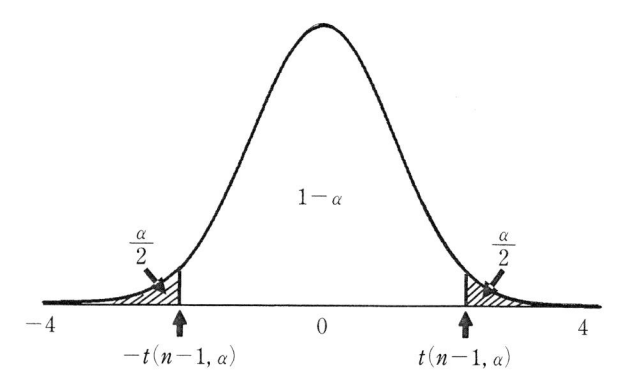

図4.2 自由度 $n-1$ の t 分布

> $x_1, x_2, \cdots, x_n$ が互いに独立に正規分布 $N(\mu, \sigma^2)$ に従うとき，$t = \dfrac{\bar{x} - \mu}{\sqrt{V/n}}$ は自由度 $n-1$ の t 分布に従う．

また，$t(n-1, \alpha)$ を自由度 $n-1$ の t 分布における t 値（x 軸上の値）で

$$\Pr\{t \geq t(n-1, \alpha)\} = \frac{\alpha}{2} \quad \left(t \geq t(n-1, \alpha) \text{ となる確率が } \frac{\alpha}{2}\right)$$

を満たすものと定義すると，t 分布は左右対称（図4.2参照）であるから

$$\Pr\{t \leq -t(n-1, \alpha)\} = \frac{\alpha}{2}$$

であり，t 値が $-t(n-1, \alpha)$ 以上，$t(n-1, \alpha)$ 以下となる確率は

$$\Pr\{-t(n-1, \alpha) \leq t \leq t(n-1, \alpha)\} = 1 - \alpha$$

と表すことができる．

ここで，$t = (\bar{x} - \mu)/\sqrt{V/n}$ を上の式に代入すると，

$$\Pr\left\{-t(n-1, \alpha) \leq \frac{\bar{x} - \mu}{\sqrt{V/n}} \leq t(n-1, \alpha)\right\} = 1 - \alpha$$

となり，{ } 内を変形すると次式が得られる．

$$\Pr\{\bar{x} - t(n-1, \alpha)\sqrt{V/n} \leq \mu \leq \bar{x} + t(n-1, \alpha)\sqrt{V/n}\} = 1 - \alpha$$

以上より，母平均 μ が「$\bar{x} - t(n-1, \alpha)\sqrt{V/n}$ 以上 $\bar{x} + t(n-1, \alpha)\sqrt{V/n}$ 以下」となる確率が $1 - \alpha$ になり，信頼率 $100(1-\alpha)\%$ の母平均 μ の信頼区間は次のようになる．

$$(\bar{x} - t(n-1, \alpha)\sqrt{V/n}, \ \bar{x} + t(n-1, \alpha)\sqrt{V/n})$$

すでに述べたように，区間推定は点推定の誤差程度を示すものであるから，この区間が広すぎるときにはデータのばらつきが大きいことを意味しており，シミュレーション結果の取り扱いを慎重にしなければならない．

[計算例②] 2つのシステム A，B それぞれにおける評価指標（客の平均系内滞在時間）を調べるためにシミュレーションを10回繰り返して表4.2の結果を得た．

第4章　シミュレーション結果の評価と最適化

表4.2　計算例②のデータ

繰り返し(i)	平均系内滞在時間(x_i)	
	システムA	システムB
1	94.3	82.6
2	99.7	10.5
3	92.9	32.3
4	94.8	53.1
5	95.7	49.1
6	95.4	22.0
7	90.0	71.9
8	98.9	27.7
9	97.2	93.6
10	94.2	47.6

表4.3　計算例②の計算結果

	システムA	システムB
標本平均	95.31	49.04
標本分散	8.05	733.90
信頼区間の下限	93.28	29.66
信頼区間の上限	97.34	68.42

　それぞれのシステムについて信頼区間（信頼率 $100 \times (1-\alpha) = 95\%$）を計算すると表4.3のようになる．ここでは，$t(9, 0.05) = 2.262$ を用いている[2]．

　システムAはシミュレーション結果が安定しており標本分散が小さく信頼区間が狭くなっているが，システムBではシミュレーション結果が大きくばらついているため標本分散が非常に大きく，結果として信頼区間が広がってしまっている．前述の理由により，システムBのような結果が得られた場合には，シミュレーションをもう一度見直すなど，意思決定を行う際に慎重な対応が必要である[3]．計算結果として表示される「信頼区間（95.0％）」という値は，上記説明における信頼区間の幅 $t(n-1, \alpha)\sqrt{V/n}$ に相当する．よって，信頼区間の下限と上限

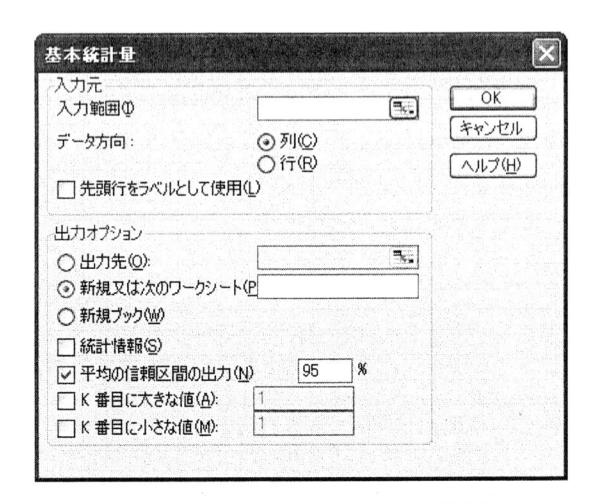

図4.3　Excelの分析ツール〈基本統計量〉

---

[2] 参考：t 値はExcelで関数TINVを利用することにより求めることができる；
$$t(n-1, \alpha) = \text{TINV}(\alpha, n-1)$$
[3] 参考：Excelを利用するときには，メニューにある「ツール」の「分析ツール」から〈基本統計量〉の機能を利用して，図4.3のように「平均の信頼区間の出力」をチェックし，信頼率（たとえば，95％）を入力する方法が便利である．

の値は，標本平均とこの値を用いて簡単に求めることができる．

c. 代替案比較（対応がある場合） 前節で説明した区間推定を用いて2つの代替案の優劣を比較する方法を説明する．たとえば，従来から用いられている生産スケジューリング方法と新しく導入しようとしているスケジューリング方法を比較して，どちらの方が平均滞留時間を短くすることができるのかを知りたい場合などが考えられる．

ここでは2つの代替案AとBを比較するために，それぞれ同数回のシミュレーションを繰り返し，代替案AとBで反復ごとに対応があるデータが得られるものとする（表4.4参照）．対応があるデータとは，たとえば2つの異なるスケジューリング方法を比較する際に乱数を使って部品の加工時間を発生させるのであれば，同一の乱数系列を用いて両スケジューリングで同一の加工時間系列を用いて得られた1対の評価値を意味している．

表4.4 代替案AとBの比較

反復(i)	乱数系列番号	評価値 代替案A	評価値 代替案B	差(d)
1	101	x_{A1}	x_{B1}	d_1
2	102	x_{A2}	x_{B2}	d_2
3	103	x_{A3}	x_{B3}	d_3
4	104	x_{A4}	x_{B4}	d_4
5	105	x_{A5}	x_{B5}	d_5
6	106	x_{A6}	x_{B6}	d_6
7	107	x_{A7}	x_{B7}	d_7
8	108	x_{A8}	x_{B8}	d_8
9	109	x_{A9}	x_{B9}	d_9
10	110	x_{A10}	x_{B10}	d_{10}

x_{Ai}およびx_{Bi}をそれぞれ代替案AおよびBのi番目の反復で得られた観測値，μ_Aおよびμ_Bをそれぞれ代替案AおよびBの母平均とし，d_iを次のごとく定義する．

$$d_i = x_{Ai} - x_{Bi}$$

このとき，母平均の差$\mu_A - \mu_B$に関する区間推定は前述の単一システムのときと同様に次のようになる．

> $d_1, d_2, \cdots, d_n$より標本平均$\bar{d}$，標本分散Vを求めると
> $t = \dfrac{\bar{d} - (\mu_1 - \mu_2)}{\sqrt{V/n}}$ は自由度$n-1$のt分布に従う．

このことより，母平均の差$\mu_A - \mu_B$の区間推定は次のようになる．

$$\Pr\left\{-t(n-1, \alpha) \leq \frac{\bar{d} - (\mu_1 - \mu_2)}{\sqrt{V/n}} \leq t(n-1, \alpha)\right\} = 1 - \alpha$$

{ } 内を変形すると次式が得られる．
$$\Pr\{\bar{d}-t(n-1,\alpha)\sqrt{V/n}\leq\mu_1-\mu_2\leq\bar{d}+t(n-1,\alpha)\sqrt{V/n}\}=1-\alpha$$
以上より，信頼率 $100\times(1-\alpha)=95\%$ の母平均の差 $\mu_A-\mu_B$ の信頼区間は
$$(\bar{d}-t(n-1,\alpha)\sqrt{V/n},\ \bar{d}+t(n-1,\alpha)\sqrt{V/n})$$
となる．

もしも，代替案 A および B にまったく差がないとすれば，$\bar{d}$ の期待値は 0 である．したがって，もしも母平均の差の信頼区間として 0 が含まれるのであれば，代替案 A と B が異なると自信を持っていうことはできない．逆に，その信頼区間に 0 が含まれなければ，信頼率 95％ のもとで代替案 A および B には統計的に有意な差が存在するということができる．そして $\bar{d}$ の符号に基づいて代替案 A もしくは B のどちらか優れたシステムを選択する．

［計算例③］ 2 つの代替案 A，B に統計的に有意な差があるかどうかを調べるためにシミュレーションを 10 回繰り返して評価値（客の平均系内滞在時間）の値を表 4.5 の通り得た．

表 4.5　計算例③のデータ (1)

振り返り (i)	平均系内滞在時間 代替案 A (x_{Ai})	平均系内滞在時間 代替案 B (x_{Bi})	差 (d)
1	103.8	106.1	-2.3
2	124.7	106.4	18.3
3	126.2	104.8	21.4
4	100.4	107.5	-7.1
5	128.1	103.8	24.3
6	125.0	100.2	24.8
7	110.7	109.5	1.2
8	111.8	101.3	10.5
9	124.6	106.7	17.9
10	126.9	101.7	25.2

この表のデータに対して信頼率 95％ の母平均の差 $\mu_A-\mu_B$ の信頼区間を前述の通り計算すると表 4.6 のようになる．ここでは，$t(9, 0.05)=2.262$ を用いている．

この例では，信頼区間に 0 を含まないので，代替案 A と B には統計的に有意な差が存在す

表 4.6　計算例③の計算結果 (1)

	d
標本平均	13.42
標本分散	146.70
信頼区間の下限	4.76
信頼区間の上限	22.08

るといえる．また，平均値の差の符号より代替案 B の方が平均滞在時間の短い案として選択される．

一方，表 4.7 に示された代替案 C と D を同様に比較してみると，表 4.8 に示されているように信頼区間が $(-5.31, 1.27)$ となり 0 を含んでいる．このような場合には代替案 C と D には統計的に有意な差があるということはできない．

なお，データに対応がない場合の代替案比較の方法については参考文献[1] な

表 4.7 計算例③のデータ (2)

振り返り(i)	平均系内滞在時間 代替案C(x_{Ci})	代替案D(x_{Di})	差(d)
1	103.7	107.2	−3.5
2	101.1	101.7	−0.6
3	105.2	108.8	−3.6
4	100.8	107.2	−6.4
5	103.1	106.1	−3.0
6	101.3	109.5	−8.2
7	107.9	106.4	1.5
8	105.2	104.2	1.0
9	102.7	107.8	−5.1
10	108.3	100.6	7.7

表 4.8 計算例③の計算結果 (2)

	d
標本平均	−2.02
標本分散	21.17
信頼区間の下限	−5.31
信頼区間の上限	1.27

どを参照せよ．

4.1.2 条件停止と定常状態のシミュレーション

シミュレーションを計画する際には，条件停止のシミュレーションと定常状態のシミュレーションを区別しておかなければならない（文献[2]，[3]）．ここではそれぞれの概要を説明し，シミュレーションを行う際の注意点をまとめる．

a. 条件停止のシミュレーション 条件停止のシミュレーション (terminating simulation) は，明確に規定された初期条件から，特定のイベントで規定される終了条件に達する時刻まで行うシミュレーションである．銀行の窓口であれば，朝開店の際には店内の客数が0（空）ですべての窓口が遊休の初期条件からはじまり，閉店で窓口が閉まる際にはまた客数が0という終了条件に戻る．この銀行の窓口における1日のようすをシミュレーションするのであれば，条件停止のシミュレーションを行うことになる．レストラン，理容店，遊園地など多くのサービスシステムにおけるシミュレーションがこれに該当する．

条件停止のシミュレーションでは，開始と終了がシステムの性質によって決まっているので，標本の大きさについて唯一決定できることはシミュレーションを何回繰り返すかということだけである．

b. 定常状態のシミュレーション 定常状態のシミュレーション (steady-state simulation) は，非常に長い期間，安定的に稼動しているシステムのシミュレーションである．工場で生産ラインを新規に稼動した場合の1日あたりの生産量や平均リードタイムなどを調べるシミュレーションなどがこれに該当する．工場立ち上げ時の不安定な稼動状態ではなく，一定時間経過後の安定稼動状態における評価値を得ることが狙いとなる．この点が，初期状態から終了条件に達するまでのすべての状態をシミュレーションする条件停止のシミュレーションとは異なる．先に述べたサービスシステムであっても，病院や通信システムなど長期間継続的に稼動しているシステムの評価値を調べる場合は定常状態のシミュレーションを行うことになる．

定常状態のシミュレーションでは，条件停止のシミュレーションとは異なり開始と終了が明確に定まっていない．初期条件によって変化するような不安定な状態を経て，初期条件とは独立な安定状態へと推移していくわけだが，どの時点からが定常状態となるのか明確に定められるわけではない．

工場の生産ラインで考えれば，初期に到着した部品は機械が遊休状態なので短時間で生産を終えることになるが，定常状態では機械が稼働中であったり在庫が多かったりして生産時間が長くかかってしまう．定常状態のパフォーマンスを知りたいのであれば，初期条件に依存した偏りを除去する必要がある．このための方法としては次のような方法が挙げられる．

- シミュレーション開始時点で代表的な定常状態に設定する：通常のシミュレーションは空かつ遊休状態で開始されるため，定常状態に至るまでにかなり長い推移段階が必要となる．そこで，シミュレーション開始時からもう少し定常状態に近い状態を設定することによりシミュレーション時間を短くすることができる．ただし，代表的な定常状態を容易に見つけることは難しい．
- 初期状態の観測値を捨てる：シミュレーションの初期段階は初期条件の影響が強く残っているため，定常状態に達するまでの観測値を捨てた方がよい．ただし，どの時点からが定常状態なのかは明確にはわからない．
- 長期間のシミュレーションを行う：シミュレーション時間が長くなれば，シミュレーションから得られる全データに対する初期段階の影響が相対的に小さくなる．ただし，どの程度長くすれば十分なのかが明確にはわからないと同時に，シミュレーションに費やすことができる総計算時間が限られている場合であれば，1回のシミュレーション時間を長くすることにより，シミュレーションの反復回数を減らさざるを得ない．

以上述べたように，定常状態のシミュレーションではシミュレーション実施上の注意が必要である．

例題 4.1.1 ある工場の生産システムにおいて，総生産時間を短くするためには2つの生産スケジュールA，Bのどちらを採用したらよいか検討している．乱数系列を変化させながら，それぞれのスケジュールでシミュレーションにより総生産時間を求めたところ表4.9の結果が得られた．このデータを解析し，2つのスケジュールの統計的な有意差の有無，そして有意差があるとすればどちらを採用したらよいかを答えよ．なお，各繰り返しではスケジュールAとBで同じ乱数系列を用いておりデータに対応があるものとみなして計算せよ．

解 データに対応があることより，所与のデータに対して繰り返しごとに差 (d) を求めると表4.10のようになる．この差 (d) について，平均，信頼区間の幅，信頼区間の下限・上限を求めると表4.11のようになる．

以上より，信頼区間に0を含まないのでスケジュールAとBには統計的な有意差が存在するといえる．また，前述の表における平均値よりスケジュールBの方が総生産時間の短い案として選択される．

表 4.9　課題のシミュレーション結果

繰り返し	総生産時間 スケジュール A	スケジュール B
1	500	500
2	498	500
3	499	490
4	507	504
5	501	490
6	502	485
7	498	497
8	500	499
9	502	488
10	501	488
11	493	502
12	506	494
13	502	485
14	502	497
15	500	490

表 4.10　課題の計算過程

繰り返し	総生産時間 スケジュール A	スケジュール B	差 (d)
1	500	500	0
2	498	500	-2
3	499	490	9
4	507	504	3
5	501	490	11
6	502	485	17
7	498	497	1
8	500	499	1
9	502	488	14
10	501	488	13
11	493	502	-9
12	506	494	12
13	502	485	17
14	502	497	5
15	500	490	10
平均	501	494	7

表 4.11　課題の計算結果

	d
標本平均	6.8
信頼区間の幅(95%)	4.2
信頼区間の下限	2.6
信頼区間の上限	11.0

文　献

[1] 永田　靖："入門 統計解析法", 日科技連 (1992).
[2] 高桑宗右衛門："CIM 生産システムのシミュレーション最適化", コロナ社 (1984).
[3] 森戸　晋, 逆瀬川浩孝："システムシミュレーション", 朝倉書店 (2000).

4.2　シミュレーションによる最適化手法

　シミュレーションの対象となる多くのシステムの出力は, システムの振舞いに影響を与えると考えられるパラメータの値の組合せや, システムに含まれる確率的な特性などによって複雑に変化し, 個々のパラメータがシステムの出力にどのような影響を与えるのかを推測することは一般に容易ではない. このような状況に置かれつつも, 我々はしばしばその出力（多くの場合は長期的な平均値）を最小化（もしくは最大化）するようなパラメータの値の組合せを見つけたいと考える.

　このような最適化への要求に対しては, すでに多数の方法が提案されている

が，ここでは2つの近似最適化手法を概説する．1つは，システムの出力とパラメータの関係を近似的に与える応答曲面と呼ばれる関数を求めることで，最適なパラメータの値を見つけ出そうとするものである．具体的手法も多岐にわたるが，本節では，周波数領域法と回帰分析を用いる方法を取り上げる．もう一方の近似最適化手法は，多数回のシミュレーション実行を通して最適解を探索していく，メタヒューリスティクスである．こちらも具体的方法は多数あるが，方法が比較的簡単なシミュレーティッドアニーリング法を中心にその基本的手順を説明する．

4.2.1 応答曲面による最適化

a．シミュレーションモデルに対する仮定　ここでは，対象とするシミュレーションモデルを図4.4のように考える．モデルに入力される要素は，一意に識別可能な指標（index）を付けることができるものとし，本節では一貫してこの指標に t を用いる．たとえば，複数の要素が同時刻に到着することがないという条件のもとでは，要素がモデルに到着した順番を t に用いればよい．モデルに入力される要素 t（$t=1,2,\cdots,N$）は，P 種類の入力因子（input factor）$X_1(t), X_2(t), \cdots, X_P(t)$ を属性として持つものとする．ただし，本節ではこの入力因子の値が原則として要素に依存しない環境を想定している．たとえば，人間ドックで検査を受ける場合を考えてみると，要素は受診者，入力因子は各検査項目の平均所要時間が該当する．要素に依存しない入力因子であることを明示する場合には，X_1 などのように要素部分の (t) を省略した記載を行う．なお，入力因子はいずれも，指定された範囲内で任意の値をとることができる（言いかえれば，特定の離散値に限定されていない）ものとする．

一方，要素 t に対応したモデルからの出力を $Y(t)$ と表すこととする．先の人間ドックの例であれば，t 番目の受診者が病院に滞在した時間（すべての検査が終了した時刻と病院に到着した時刻の差）が $Y(t)$ となる．この値は一般に各要素ごとに異なるが，ここではその平均 $\bar{Y}=\sum_{t=1}^{N}Y(t)/N$ に着目する．

シミュレーションモデルの出力の平均 $\bar{Y}$ は一般に入力因子の値 $X_1, X_2, \cdots, X_P$ に影響されるが，比較的狭い領域を対象としているとの仮定のもとで，$\bar{Y}$ を入力因子の1次と2次の多項式の和で (4.1)式のように近似できると仮定する．ここに，係数 β_i，γ_{ij}，δ_i と α は未知の定数である．

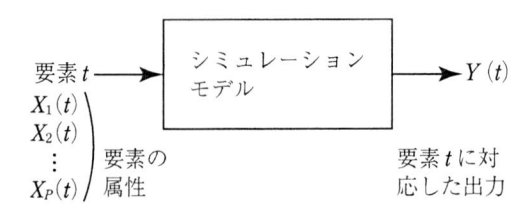

図 4.4　シミュレーションモデルに対する入力と出力

$$\bar{Y} = a + \sum_{i=1}^{P} \beta_i X_i + \sum_{i=1}^{P-1} \sum_{j=i+1}^{P} \gamma_{ij} X_i X_j + \sum_{i=1}^{P} \delta_i X_i^2 \qquad (4.1)$$

b. 周波数領域法　周波数領域法（文献[2]，[5]）とは，(4.1)式の係数の中で，その値がほぼゼロと見なせるものを原則2回のシミュレーション実行で見つけ出そうとする方法で，特に多数の入力パラメータがある場合，後続する回帰分析での実験回数の削減に大きく貢献する可能性がある．周波数領域法を構成するのはシグナル（もしくはコントロール）実行とノイズ実行の2種類のシミュレーションと，SN比の計算である．それらの具体的な手順を説明した後に問題例を示す．

シグナル実行　シグナル実行では，入力因子 $X_j(t)$ の値を (4.2)式に従って少しずつ変化させながらシミュレーションを実行する．

$$X_j(t) = \bar{X}_j + a_j \cos(2\pi \omega_j t) \qquad (4.2)$$

ここに，$\bar{X}_j$ は入力因子 X_j の平均値，a_j は振幅，ω_j は周波数（指標 t の単位あたりのサイクル数）である．この ω_j は駆動周波数（driving frequency）と呼ばれ，各入力因子に対し以下の集合から重複なく選ぶ．

$$\omega_j \in \left\{ \frac{1}{N}, \frac{2}{N}, \frac{3}{N}, \cdots, \frac{1}{2} \right\} \qquad (4.3)$$

シミュレーションモデルの出力 $Y(t)$ が，これまでに入力された要素の入力因子の値 $X_p(1), X_p(2), \cdots, X_p(t)$ ($p=1, 2, \cdots, P$) と，システムがもつランダムなノイズの和で与えられるものとすると，(4.2)式に基づいて入力因子の値を振動させた場合の出力は，周波数 ω_k の三角関数の和で表される（文献[2] 参照）．この ω_k は項指示周波数（term indicator frequency）と呼ばれ，モデルが入力因子の線形項しか含まないのであれば，駆動周波数と項指示周波数は一致するが，高次の項が存在すると，両者が一致するとは限らない．たとえば，モデルの中に $X_j(t)$ の2次の項があるとしよう．$\bar{X}_j = 0$ と仮定し，$X_j(t) = a_j \cos(2\pi \omega_j t)$ の二乗を計算すると以下のようになる．

$$\begin{aligned} X_j^2(t) &= a_j^2 \cos^2(2\pi \omega_j t) \\ &= (1/2) a_j^2 (1 + \cos(2\pi(2\omega_j)t) \\ &= (1/2) a_j^2 \cos(2\pi(0)t) + (1/2) a_j^2 \cos(2\pi(2\omega_j)t) \end{aligned} \qquad (4.4)$$

よって，2次の項が存在すると，周波数 0 と $2\omega_j$ にピークが存在することがわかる．表 4.12 は，$X_j(t) X_k(t)$ が含まれる場合を含めて，駆動周波数と項指示周波数の関係を示している（節末例題も参照）．

表 4.12　駆動周波数と項指示周波数の関係

駆動周波数	項	項指示周波数
ω_j	$X_j(t)$	ω_j
ω_j	$X_j^2(t)$	$0, 2\omega_j$
ω_j, ω_k	$X_j(t) X_k(t)$	$\omega_j - \omega_k, \omega_j + \omega_k$

さて，我々はモデルの構造を (4.1) 式のように想定したうえで，駆動周波数を (4.3) 式で示す集合の中から選ぶことになるが，この際に，ピークが項指示周波数のところに出てくることに注意し，項指示周波数から駆動周波数への対応付けが一意となるように駆動周波数の選択を行うことが望まれる．たとえば，$X_j(t)$ に ω_j を割り当て，$X_k(t)$ に $\omega_k = 2\omega_j$ を割り当ててしまうと，もし ω_k のところにピークが存在した場合，その理由がモデル内に $X_j^2(t)$ の項があったためなのか，あるいは $X_k(t)$ の項があったためなのかの区別がつかない．この現象を交絡（confounding）と呼ぶが，このような交絡ができるだけ生じないように駆動周波数を選ぶ必要がある．

ノイズ実行と SN 比の算出　ノイズ実行は通常のシミュレーション実行に対応し，各要素の入力因子に平均値を与えてシミュレーションを実行させるものである．このシミュレーションにより，対象モデルが固有に持つ特性を明らかにし，シグナル実行の結果との対比によって，どの周波数が強く出力に影響を与えているかを調べ出す．この検討のために，各項指示周波数 ω_p に対しピリオドグラム（periodogram）と呼ばれる値 I_p を用いる．ここでは，SAS で用いられている以下の計算式を採用する（文献[4]）．なお，N は偶数であるとする．

$$I_p = \frac{N}{2}\left(a_p^2 + b_p^2\right) \tag{4.5}$$

$$a_p = \frac{2}{N}\sum_{t=1}^{N} Y(t) \cos(2\pi\omega_p(t-1)) \tag{4.6}$$

$$b_p = \frac{2}{N}\sum_{t=1}^{N} Y(t) \sin(2\pi\omega_p(t-1)) \tag{4.7}$$

いま，シグナル実行で得られた周波数 ω_p のピリオドグラムを I_p^s，ノイズ実行で得られた同じ周波数でのピリオドグラムを I_p^n と表すとする．両者の比をとった SN（Signal-to-Noise）比，$SN_p = I_p^s / I_p^n$ は自由度が $(2,2)$ の F 分布に従うとみなせるため（証明は文献[2]参照），適切な危険率（たとえば 5％）を定め，F 表の F_2^2 の値と比較し，SN_p の値の方が大きければ，当該周波数 ω_p は出力に有意な影響を与えると判断する[4]．

問題例　いま，対象とするシミュレーションモデルに仕事 t ($t=1,2,\cdots,N$) が順々に到着するものとし，仕事 t の特性として 4 つの入力因子 $X_1(t), X_2(t), X_3(t), X_4(t)$ があるものとする．仕事 t の完了に対応して，(4.8) 式で定められる出力 $Y(t)$ が得られるが，我々はこの式を知らないものとする．各入力因子の取り得る値は，X_1 が 2 から 4，X_2 が 0 から 4，X_3 が 4 から 10，X_4 が -1 から 1 とする．また，$\varepsilon(t) = 0.6 e(t-1) + 0.8 e(t)$ とし，$e(t)$ は平均 0，標準偏差 1 の正規分布に従う乱数とする（文献[5]に基づく）．

$$Y(t) = 5(X_1(t) - 0.5 X_2(t-2))^2 - 0.1 X_3^2(t-1) + \varepsilon(t) \tag{4.8}$$

---
[4] ここでは，周波数領域法の一部分のみを取り上げたが，その理論や応用，課題などの議論は関連する文献[2]，[3]，[5] を参照されたい．

4.2 シミュレーションによる最適化手法

シグナル実行では $X_1(t)$ から $X_4(t)$ の値をそれぞれ (4.9)〜(4.12)式によって周期的に変化させつつ実行する．ここに駆動周波数 ω_1〜ω_4 は $N=1024$ のもとで $\omega_1=10/1024$, $\omega_2=35/1024$, $\omega_3=75/1024$, $\omega_4=125/1024$ とする．一方，ノイズ実行では，X_1 から X_4 の値をそれぞれ 3, 2, 7, 0 とおく．

$$X_1(t) = 3 + \cos(2\pi\omega_1 t) \tag{4.9}$$
$$X_2(t) = 2 + 2\cos(2\pi\omega_2 t) \tag{4.10}$$
$$X_3(t) = 7 + 3\cos(2\pi\omega_3 t) \tag{4.11}$$
$$X_4(t) = \cos(2\pi\omega_4 t) \tag{4.12}$$

Excel によってこのシミュレーションを行った例を図 4.5 に示す（乱数が含まれるため，結果は実行ごとに異なる）．いくつかの代表的なセルについて，入力している式を以下に示す．

セル B5 = NORMINV(RAND(),0,1)
セル C5 = 0.6 * B4 + 0.8 * B5
セル I5 = 5 * (E5-0.5 * F3)^2 - 0.1 * G4^2 + C5
セル K5 = 3 + COS(2 * PI() * (10/1024) * A5)

列 A は t を与えているが，(4.8)式が過去の情報を要求するため，-1 から開始させている．列 B は，本書 1.3 節に基づき，正規分布に従う乱数の生成に関数 NORMINV() を使用している．列 C は各 t のノイズを与えており，列 E から I はノイズ実行に対応している．一方，列 K から O はシグナル実行に対応し，各入力因子に対応して (4.9)〜(4.12)式の定義通りに値を変化させている．

次に，ピリオドグラムの計算を，(4.6)式，(4.7)式，そして (4.5)式に従い Excel で行う．対象となる周波数は，10, 20, 25, 35, 40, 45, 50, 65, 70, 75, 85, 90, 110, 115, 125, 135, 150, 160, 200, 250 (/1024) の 20 個となる．図 4.6 は，シグナル実行の結果に対する計算例を示している．ここに，列

	A	B	C	D	E	F	G	H	I	J	K	L	M	N	O
1					\multicolumn{5}{c	}{ノイズ実行}		\multicolumn{5}{c}{シグナル実行}
2	t	$e(t)$	$\varepsilon(t)$		$X_1(t)$	$X_2(t)$	$X_3(t)$	$X_4(t)$	$Y(t)$		$X_1(t)$	$X_2(t)$	$X_3(t)$	$X_4(t)$	$Y(t)$
3	-1				3	2	7	0			4	3.95	9.69	0.72	
4	0	-1.577			3	2	7	0			4	4	10	1	
5	1	-0.176	-1.087		3	2	7	0	14.013		4	3.95	9.69	0.72	9.378
6	2	1.326	0.955		3	2	7	0	16.055		3.99	3.82	8.82	0.04	11.420
7	3	0.207	0.961		3	2	7	0	16.061		3.98	3.6	7.57	-0.7	13.310
1024	1020	-0.499	-1.278		3	2	7	0	13.822		3.97	3.31	6.2	-1	32.444
1025	1021	1.223	0.679		3	2	7	0	15.779		3.98	3.6	7.57	-0.7	28.243
1026	1022	-1.549	-0.505		3	2	7	0	14.595		3.99	3.82	8.82	0.04	21.130
1027	1023	0.549	0.490		3	2	7	0	14.610		4	3.95	9.69	0.72	15.406
1028	1024	0.572	0.787		3	2	7	0	15.887		4	4	10	1	13.260

図 4.5 Excel を使ったシミュレーションの実行例

	A	B	C	D	E	F
1	t	$Y(t)$	a_p	b_p	$\omega_p=$	0.03418
2	1	10.74437	10.74437	0		
3	2	10.62754	10.3834	2.264838		
4	3	11.71468	10.65061	4.878338		
5	4	14.18954	11.34507	8.522472		
6	5	17.51975	11.44342	13.26611		
1021	1020	32.03138	15.27254	−28.156		
1022	1021	26.53835	17.33413	−20.0951		
1023	1022	20.93912	16.7416	−12.5764		
1024	1023	15.42698	14.02572	−6.42425		
1025	1024	11.50145	11.23724	−2.45108		
1026			−19.5818	−4.29296	205759.8	

図 4.6 シグナル実行に対するピリオドグラムの計算例

Bはシグナル実行における1024個の出力値を示している．セルF1は，対象とする周波数を入力するセルであり，この例では35/1024＝0.03418の場合を示している．セルC2，D1026，E1026の式は以下のように入力しており，セルE1026はピリオドグラムの値を示している．

　　セルC2＝B2＊COS(2＊PI()＊(A2−1)＊\$F\$1)
　　セルD1026＝2＊SUM(D2：D1025)/1024
　　セルE1026＝1024＊(C1026^2+D1026^2)/2

シグナル実行とノイズ実行におけるピリオドグラムを上述の各周波数について求め，そのSN比が19.0（F表より$F_2^2(0.05)=19.0$）以上のものを選び出す（交互作用項については，両者がともに19.0を超えた場合に限定する）と，以下の通りとなった（いずれも/1024を省略している）．

10（$=\omega_1$），35（$=\omega_2$），75（$=\omega_3$），20（$=2\omega_1$），70（$=2\omega_2$），150（$=2\omega_3$），25（$=\omega_2-\omega_1$），45（$=\omega_1+\omega_2$）

この結果より，X_4は出力に有意な影響を与えず，交互作用項はX_1X_2のみで，出力の平均$\bar{Y}$は(4.13)式で与えられると考えられる．

$$\bar{Y}=a+\sum_{i=1}^{3}\beta_i X_i+\gamma_{1,2}X_1X_2+\sum_{i=1}^{3}\delta_i X_i^2 \tag{4.13}$$

c．回帰分析による係数の推定と最適化

上述の周波数領域法で出力の平均$\bar{Y}$に有意な影響を与えると期待される項を選び出すことはできたが，その項に対する係数の値を推定することはできない．そこで，回帰分析によって係数の推定を試みる．引き続き上述の問題例を使用する．

いま，各入力因子の取り得る値としてそれぞれ次の3つ，X_1は{2,3,4}，X_2は{0,2,4}，X_3は{4,7,10}，を選んだとする．次に，ここでは説明を簡単にするために，すべての組合せ$3^3=27$について，それぞれ1024回のシミュレーションを

実行し，その平均 $\bar{Y}$ を求める．表 4.13 は各入力因子の値とそれに対応する出力の一部を示している．

表 4.13 27 通りの実験の組合せとモデルの出力の平均値

No	X_1	X_2	X_3	$\bar{Y}$
1	2	0	4	18.456
2	2	0	7	15.050
3	2	0	10	10.026
4	2	2	4	3.389
⋮				
26	4	4	7	15.152
27	4	4	10	10.065

Excel によって回帰分析を行うために，これらの情報を Excel に入力すると同時に，新たな列を加える（図 4.7 参照）．具体的には，列 E には $X_1 X_2$ の値，列 F から H にはそれぞれ X_1^2 から X_3^2 の値を入れる．そして，「ツール」→「分析ツール」→「回帰分析」を選び，表示されるダイアログに対し，図 4.7 のような情報を与えて OK のボタンを押すと，回帰分析の結果が新しいワークシートに出力される．図 4.8 はその結果の一部を切り出したものであるが，この結果より，定数 a ならびに β_i はゼロと見なせ，以下の回帰式が得られる[5]．

$$Y = 4.99 X_1^2 - 5.00 X_1 X_2 + 1.25 X_2^2 - 0.10 X_3^2 \tag{4.14}$$

いま，出力の平均 $\bar{Y}$ の最大化を考えているとすると，(4.14)式に示された応答曲面と各入力因子の上下限制約より，$X_1=4$，$X_2=0$，$X_3=4$，X_4 の値は任意，とすればよいと考えられる．しかしながら，実際の多くのシミュレーションモデルは (4.8)式のような都合のよいものではなく，精度の良い応答曲面を得ることは通常は困難である．最適なパラメータ値が存在すると期待される範囲を少しずつ絞り込みつつ，応答曲面を何度か求めなおすという繰り返し手順が，一般には必要とされる．

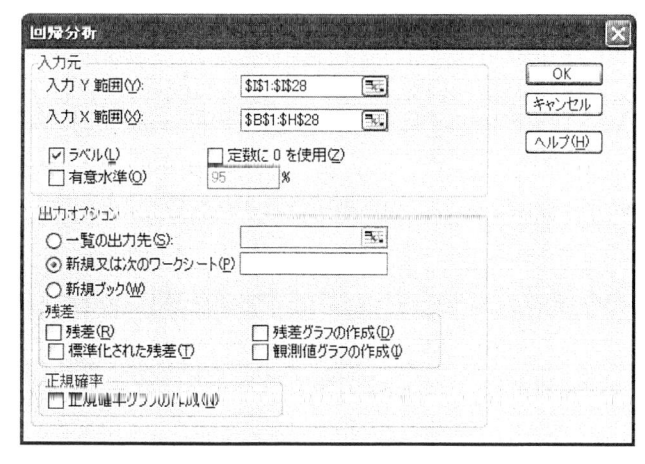

図 4.7 回帰分析の実行途中の画面

---
[5] 周波数領域法を用いないで，最初から回帰分析を用いることも可能ではあるが，その場合は入力因子 X_4 の影響が無視できるとは事前に判断できないため，一般にはより多くのシミュレーションを実行しなければならない．なお，回帰分析による入力因子の選択（変数選択）については参考図書[7] を参照されたい．

	係数	標準誤差	t	P-値
切片	-0.09291	0.1585656	-0.585931	0.5648179
X1	0.047648	0.0951681	0.5006765	0.6223492
X2	-0.02597	0.0233025	-1.114488	0.2789694
X3	0.006927	0.0245785	0.2818131	0.7811334
X1 X2	-4.9954	0.005544	-901.0405	1.84E-45
X1^2	4.991954	0.0156809	318.34627	7.066E-37
X2^2	1.254027	0.0039202	319.88671	6.447E-37
X3^2	-0.10023	0.0017423	-57.52666	8.811E-23

図 4.8　回帰分析の結果（一部分）

4.2.2　メタヒューリスティクスによる最適化

　メタヒューリスティクスは，今日では多くの組み合わせ最適化問題に対し，有望で有効な方法と広く認識されている．その理由は，手続きがシンプルで幅広い問題に比較的容易に適用可能であり，それでいながら，適切な設定で実行すれば，最適に近い答えを見つけ出せる能力を備えていることにある．メタヒューリスティクスの代表的なものとしてはジェネティックアルゴリズム（genetic algorithm；GA），シミュレーティッドアニーリング（simulated annealing；SA），タブーサーチ（tabu search；TS）があるが，いずれも，現在の解から新しい解へと少しずつ移りながら，最良解を探索していく．ここに解は手法によって1つであったり，集合であったりする．本節では，これら3つの中で最も構造が簡単と考えられる SA についてまず概説し，TS と GA についても簡単に紹介する．

　いま，シミュレーションモデルからの出力の平均 $\bar{Y}$ を最大化したいとする．また，各入力因子を上下限制約内でそれぞれある値に設定した状態を解と呼ぶこととする．SA では温度と呼ばれるコントロールパラメータ T が用いられるが，この値を最初は大きくしておく．

- ステップ0：　任意の解を1つ用意し，その解に対応した出力 $\bar{Y}$ を得る．
- ステップ1：　現在の解の近傍解を1つ生成する．たとえば，1つの入力因子をランダムに選び，その値を上下限制約内で少し増加もしくは減少させたものを近傍解とすればよいであろう．
- ステップ2：　その近傍解に対する出力 $\bar{Y}$ を求め，その値が現在の解の値よりも大きければその近傍解を新しい解として採用する．逆に，現在の値以下であれば，その値の差を Δ（$\Delta > 0$）としたとき，$\exp(-\Delta/T)$ の確率でこの近傍解を新しい解として採用する[6]．
- ステップ3：　ステップ1に戻る．ただし，T の値が十分小さく近傍解が新しい解に採用される見込みがなくなれば，それまでに得られた最良解を出力して終了する．

---
[6] シミュレーションモデルに確率的な要素が含まれる場合，解の評価において誤差の存在を意識する必要がある．

SAの特徴は，ステップ2において一時的には評価関数値が悪くなる近傍解も確率的に解として受け入れることで，局所最適解に陥らないようにしているところにある．この確率を定めるパラメータの1つが温度 T であるが，この値はステップ1に戻る回数が一定値に達するごとに少しずつ小さくしていく．この温度 T の更新方法や近傍解の生成法は，最終的な解が最適解にどの程度近いかや実行するシミュレーションの回数に強く関係するため，多くの場合，予備実験を行って適切な値を見つける必要がある．具体的な適用例は4.3節ならびに4.4節を参照されたい．

TSでは，近い過去の解を記録として残すことで，同じ解を繰り返し訪問することを禁止し，結果的に，目的関数値が悪化する解への移動も引き起こすことで局所最適解への収束を避けている．GAは解を集合で扱い，近傍解の生成では一度に複数の解が生成される．より環境に適した（すなわち，目的関数値が大きい）解が次の世代に生き残りやすいようにするとともに，突然変異を組み入れることで，局所最適解に陥ることを避けている．

例題 4.2.1 周波数領域法で，モデルに $X_j(t)X_k(t)$ という積の項が存在すると，項指示周波数はどのようになるか示しなさい．

解 $X_j(t)=a_j\cos(2\pi\omega_j t)$, $X_k(t)=a_k\cos(2\pi\omega_k t)$ を代入すると，次のようになる．
$$X_j(t)X_k(t)=a_ja_k\cos(2\pi\omega_j t)\cos(2\pi\omega_k t)$$
$$=(1/2)a_ja_k\cos(2\pi(\omega_j+\omega_k)t)+(1/2)a_ja_k\cos(2\pi(\omega_j-\omega_k)t)$$
よって，モデルに $X_j(t)X_k(t)$ という項が存在すると，$(\omega_j+\omega_k)$ と $(\omega_j-\omega_k)$ の両方の周波数にピークが存在することになる．

例題 4.2.2 周波数領域法で，モデルの中に遅れがある場合の影響を，線形項の場合について具体的に調べなさい．

解 $X_j(t-r)$（ここに r は定数）に $X_j(t)=a_j\cos(2\pi\omega_j t)$ を代入すると，
$$X_j(t-r)=a_j\cos(2\pi\omega_j(t-r))$$
$$=a_j\cos(2\pi\omega_j t)\cos(2\pi\omega_j r)+a_j\sin(2\pi\omega_j t)\sin(2\pi\omega_j r)$$
となり，$2\pi\omega_j r$ は t に依存しない定数となるため，項指示周波数は遅れに影響を受けないことがわかる．

例題 4.2.3 入力因子を (4.2) 式に従い $\bar{X}_j$ ($\bar{X}_j\neq 0$) の周りで振動させると項指示周波数がどのようになるかを，モデルに2次の項がある場合について検討しなさい．

解 $X_j^2(t)$ に $X_j(t)=\bar{X}_j+a_j\cos(2\pi\omega_j t)$ を代入すると，
$$X_j^2(t)=(\bar{X}_j+a_j\cos(2\pi\omega_j t))^2$$
$$=\bar{X}_j^2+2\bar{X}_ja_j\cos(2\pi\omega_j t)+a_j^2\cos^2(2\pi\omega_j t)$$
$$=\bar{X}_j^2+2\bar{X}_ja_j\cos(2\pi\omega_j t)+(1/2)a_j^2\cos(2\pi(0)t)+(1/2)a_j^2\cos(2\pi(2\omega_j)t)$$
となり，ゼロを中心として振動させた場合と比べ，周波数 ω_j が新たに項指示周波数として加わっており，$X_j(t)$ との交絡が発生する．

文　　献

[1] Henderson, S. G., Nelson B. L. (eds.)："Simulation (Handbooks in Operations

[2] Morrice, D. J., Schruben, L. W.：Simulation factor screening using harmonic analysis, *Management Science*, **39**(12)：1459-1476（1993）.
[3] Sargent, R. G., Som, T. K.：Current issues in frequency domain experimentation, *Management Science*, **38**(5)：667-687（1992）.
[4] SAS 9.1 Help and Documentation, SAS Institute Inc.
[5] Schruben, L. W., Cogliano, V. J.：An experimental procedure for simulation response surface model identification, *Communications of the ACM*, **30**(8)：716-730（1978）.
[6] Tekin, E., Sabuncuoglu, I.：Simulation optimization： A comprehensive review on theory and applications, *IIE Transactions*, **36**(11)：1067-1081（2004）.
[7] 久米 均，飯塚悦功，"回帰分析（シリーズ 入門統計的方法2）"，岩波書店（1987）.

4.3 組合せ最適化問題とランダム探索の適用例

生産スケジューリング，巡回セールスマン問題，配送経路問題など経営にかかわる多くの問題が組合せ最適化問題として定式化される．

ここでは巡回セールスマン問題を例に，組合せ最適化問題の解法の1つであるランダム探索の基本的な考え方と適用方法について説明する．

ランダム探索は組合せ最適化問題として定式化される多くの問題に適用される．ランダム探索は，なんらかのランダム操作を用いて，解が定義される組合せ空間内の点を選択し，その解を評価するといった手順を繰り返し，逐次的に最適解に接近する方法である．

4.3.1 巡回セールスマン問題と組合せ最適化

セールスマンは営業所を出発点に n 件の顧客をすべて巡回し，営業所に戻る．このとき，移動距離を最短にする巡回路を求める問題は巡回セールスマン問題（traveling salesman problem；TSP）と呼ばれている（図4.9参照）．

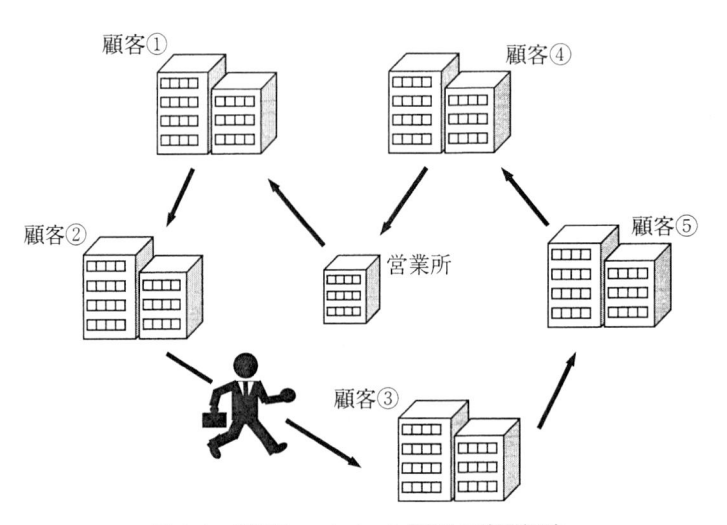

図4.9 巡回セールスマン問題の訪問経路

顧客 i と顧客 j を結ぶ経路の移動距離を d_{ij} と表現する．このとき，i 番目に訪問する顧客を x_i，営業所を x_0 と表現すると，その巡回路は $(n+2)$ 次元ベクトル $\boldsymbol{x}$ として，次式で表現することができる（ここに，$x_{n+1}=x_0$）．

$$\boldsymbol{x} = [x_0, x_1, \cdots, x_n, x_{n+1}] \tag{4.15}$$

このとき，巡回路 $\boldsymbol{x}$ の移動距離 $f(\boldsymbol{x})$ は次式で定義される．

$$f(\boldsymbol{x}) = \sum_{i=0}^{n} d_{x_i x_{i+1}} \tag{4.16}$$

巡回路には，$n!$ 通りの組合せが存在することから，すべての経路を列挙して移動距離 $f(\boldsymbol{x})$ を最小にする経路を見つけることは一般に困難である．そこで，すべての組合せの中から，いくつかの経路 $\boldsymbol{x}$ をランダムに選択し，その中で最も良い解を近似的な最適解にするというランダム探索が利用される．

4.3.2 ランダム探索

現在の巡回路 $\boldsymbol{x}_n$ から次の巡回路 $\boldsymbol{x}_{n+1}$ を生成する方法は近傍生成法と呼ばれ，以下に示す，交換，逆位，シフトといった方法が知られている．

a. 交換 $(n+2)$ 次元ベクトル点 $\boldsymbol{x}$ の両端を除く第 i 要素と第 j 要素をランダムに選択し，その位置を交換する．

$$\begin{aligned}\boldsymbol{x} &= [x_0, x_1, \cdots, x_i, \cdots, x_j, \cdots, x_{n+1}] \\ \boldsymbol{x}' &= [x_0, x_1, \cdots, x_j, \cdots, x_i, \cdots, x_{n+1}]\end{aligned} \tag{4.17}$$

b. 逆位 $(n+2)$ 次元ベクトル点 $\boldsymbol{x}$ の両端を除く第 i 要素と第 j 要素をランダムに選択し，その範囲内の要素の順序を逆にする．

$$\begin{aligned}\boldsymbol{x} &= [x_0, x_1, \cdots, x_{i-1}, x_i, x_{i+1}, \cdots, x_j, x_{j+1}, \cdots, x_{n+1}] \\ \boldsymbol{x}' &= [x_0, x_1, \cdots, x_{i-1}, x_j, \cdots, x_{i+1}, x_i, x_{j+1}, \cdots, x_{n+1}]\end{aligned} \tag{4.18}$$

c. シフト $(n+2)$ 次元ベクトル点 $\boldsymbol{x}$ の両端を除く第 i 要素と第 j 要素をランダムに選択し，その間の要素をシフトする．この場合，右シフトと左シフトが考えられる．下図は左シフトの例である．

$$\begin{aligned}\boldsymbol{x} &= [x_0, x_1, \cdots, x_{i-1}, x_i, x_{i+1}, x_{i+2}, \cdots, x_j, x_{j+1}, \cdots, x_{n+1}] \\ \boldsymbol{x}' &= [x_0, x_1, \cdots, x_{i-1}, x_{i+1}, x_{i+2}, \cdots, x_j, x_i, x_{j+1}, \cdots, x_{n+1}]\end{aligned} \tag{4.19}$$

4.3.3 簡単な巡回セールスマン問題へのランダム探索の適用

Excel シートを用いてランダム探索を実行するのは一般に困難であるが，基本的な考えを示すために，交換による近傍生成を利用するランダム探索を行うシートを作成してみよう．

表 4.14 は 9 地点の顧客を持つ巡回セールスマン問題の座標データ (a_i, b_i) と距離行列の数値例である．ここに，0 は営業所の位置を示している．また，顧客 i と顧客 j の間の距離 d_{ij} は次式の格子距離で定義している．

表 4.14　顧客の座標データと距離データ

	A	B	C	D	E	F	G	H	I	J	K	L	M	N	O
1	i	a_i	b_i			0	1	2	3	4	5	6	7	8	9
2	0	4	7		0	0	7	7	5	1	4	7	1	2	1
3	1	9	9		1	7	0	8	12	8	9	6	8	5	6
4	2	7	3		2	7	8	0	8	6	11	2	8	5	8
5	3	1	5		3	5	12	8	0	4	3	8	4	7	6
6	4	4	6		4	1	8	6	4	0	5	6	2	3	2
7	5	1	8		5	4	9	11	3	5	0	11	3	6	3
8	6	8	4		6	7	6	2	8	6	11	0	8	5	8
9	7	3	7		7	1	8	8	4	2	3	8	0	3	2
10	8	6	7		8	2	5	5	7	3	6	5	3	0	3
11	9	4	8		9	1	6	8	6	2	3	8	2	3	0

$$d_{ij}=|a_i-a_j|+|b_i-b_j| \tag{4.20}$$

表 4.14 のセル F2 には，(4.20) 式の計算式として次式が入る．すなわち，座標データから距離が計算される．

　　=ABS(INDIRECT("B"&($E2+2))-INDIRECT("B"&(F$1+2)))
　　　+ABS(INDIRECT("C"&($E2+2)
　　　-INDIRECT("C"&(F$1+2))))

この式をコピーして，範囲 (F2:O11) に貼り付ければ，表 4.14 の距離データが完成する．

表 4.15 は交換を利用したランダム探索シートの構成を示している．ここでは，初期解を番号順の巡回路としている．

セル B3，C3，D3，E3，F3，H3，R2 には，次式①〜⑦が入る．

　①=INT(RAND()*9+1)
　②=B3+INT(RAND()*8+1)
　③=IF(C3<=9,C3,C3-9)
　④=INDIRECT("S"&$D3)
　⑤=INDIRECT("S"&$B3)

表 4.15　交換を利用したランダム探索シートの構成

	A	B	C	D	E	F	G	H	I	J	K	L	M	N	O	P	Q	R	S
1					交換列		x_0	x_1	x_2	x_3	x_4	x_5	x_6	x_7	x_8	x_9	x_{10}	$f(X)$	H
2		i		j			0	1	2	3	4	5	6	7	8	9	0	⑦	I
3	2	①	②	③	④	⑤	0	⑥	→	→	→	→	→	→	→	→	0	↓	J
4	3	↓	↓	↓	↓	↓	0	↓	↓	↓	↓	↓	↓	↓	↓	↓	0	↓	K
5	4	↓	↓	↓	↓	↓	0	↓	↓	↓	↓	↓	↓	↓	↓	↓	0	↓	L
⋮	⋮	⋮	⋮	⋮	⋮	⋮	⋮	⋮	⋮	⋮	⋮	⋮	⋮	⋮	⋮	⋮	⋮	⋮	⋮
9	8	↓	↓	↓	↓	↓	0	↓	↓	↓	↓	↓	↓	↓	↓	↓	0	↓	P

⑥＝IF(\$B3＝H\$2,INDIRECT(\$E3&\$A3),
　　　IF(\$D3＝H\$2,INDIRECT(\$F3&\$A3),H2))

セル B3 の式（①）は 11 次元ベクトルで表現された経路の交換を行う位置の 1 つ i をランダムに生成する．セル C3 の式（②）は，この i からの位置の差をランダムに生成し，i に加えている．この値が 9 を超えた場合の修正を考慮し，セル D3 の式（③）において，2 つ目の交換位置 j を決定している．セル E3，F3 の式（④，⑤）は各々，j 番目，i 番目の要素のある Excel シート上の列記号を抽出している．この列記号を抽出するために用意されているのが表 4.15 の S 列である．このような準備のもと，セル H3 の式（⑥）によって，i 番目と j 番目の要素を交換することができる．セル R2 の式（⑦）は，各行に生成される巡回路から移動距離を計算する式で，次式が入る．

⑦＝INDIRECT("DT!"&INDIRECT("T"&(G2+1))&(H2+2))
　　　＋…＋INDIRECT("DT!"&INDIRECT("T"&(P2+1))&(Q2+2))

この式が意味をもつためには，距離データのあるシートの名前を DT にし，ランダム探索シートの T 列のセル T1 から T10 にシート DT にある距離データの列記号 F〜O を入れる必要がある．

プログラム言語を用いれば簡単な操作も，Excel 関数を使って行うには，このようにかなり複雑な構造ものとなってしまう．

表 4.15 を完成させると，表 4.16 のランダム探索シートが得られる．

表 4.16 交換を利用したランダム探索シート

				交換列		x_0	x_1	x_2	x_3	x_4	x_5	x_6	x_7	x_8	x_9	x_{10}	$f(X)$
	i		j			0	1	2	3	4	5	6	7	8	9	0	58
2	3	7	7	N	J	0	1	2	7	4	5	6	3	8	9	0	60
3	3	8	8	O	J	0	1	2	8	4	5	6	3	7	9	0	54
4	7	14	5	L	N	0	1	2	8	4	3	6	5	7	9	0	52
5	5	10	1	H	L	0	8	2	8	4	1	6	5	7	9	0	52
6	4	10	1	H	K	0	4	2	8	3	1	6	5	7	9	0	54
7	3	7	7	N	J	0	4	2	5	3	1	6	8	7	9	0	50
8	5	6	6	M	L	0	4	2	5	3	6	1	8	7	9	0	46
9	5	11	2	I	L	0	4	6	5	3	2	1	8	7	9	0	48

このシートを用いて 100 回のランダム探索を行って得られた最良解の巡回路 x は

$$x=[0,4,10,7,3,5,9,8,2,6,1,0]$$

で，総距離は 46 となった．この巡回路をグラフで示したのが図 4.10 である．この結果は，乱数に依存して異なるが，図 4.10 に示される巡回路は明らかに最適解ではない．

図 4.10 最良解の巡回路

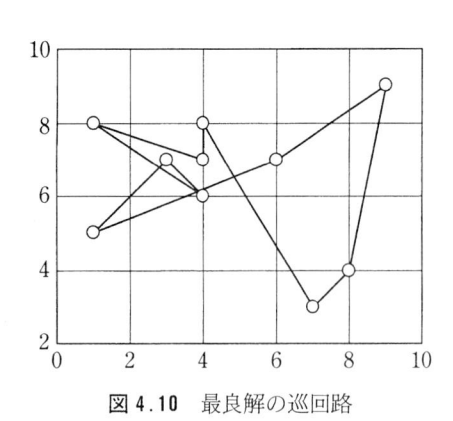

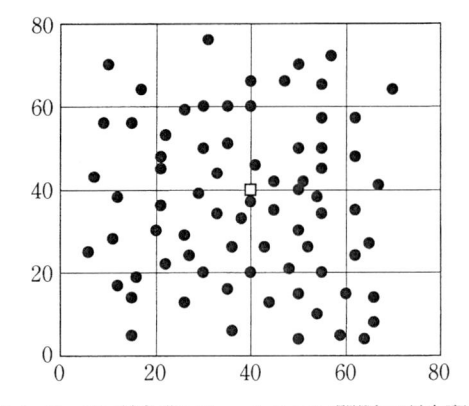

図 4.11 75 顧客巡回セールスマン問題の顧客配置

4.3.4 巡回セールスマン問題における最短経路の探索

ここでは，大規模な巡回セールスマン問題の解析に SA 法を適用し，その性能を明らかにする．図 4.11 は数値例として用いる TSPLIB [1] の 76 顧客問題の配置を示している．ここでは，中心の四角の顧客を営業所として表現している．また，顧客 i と顧客 j 間の移動距離 d_{ij} はユークリッド距離

$$\sqrt{(a_i-a_j)^2+(b_i-b_j)^2} \tag{4.21}$$

を小数点以下第一位で四捨五入して整数化した値として定義する．

ここで使用する SA 法のアルゴリズムは次の①〜⑤で記述される（文献[2]，[4]）．

① 初期解 $\boldsymbol{x} \in X$ の選択，best$=f(\boldsymbol{x})$，$\boldsymbol{x}^*=\boldsymbol{x}$
② 探索解 $\boldsymbol{x}' \in X$ を生成
③ もし $f(\boldsymbol{x}') \leq f(\boldsymbol{x})-T \log Y$ ならば $\boldsymbol{x}=\boldsymbol{x}'$
④ もし $f(\boldsymbol{x}')<$best ならば $\boldsymbol{x}^*=\boldsymbol{x}'$，best$=f(\boldsymbol{x}')$
⑤ 終端条件を満たすまで手順②〜④を反復する．最良解は $\boldsymbol{x}^*$ に，その移動距離は best に保存される．

アルゴリズム中の Y は区間 $[0, 1]$ の一様分布に従う乱数，T は温度を表している．ここでは，温度 T は一定値とし，探索解の生成には逆位を使用する．

図 4.12 は，セービング法（文献[3]）によって得られた巡回路を初期解とし，温度 $T=1.1$ における探索過程を示したものである．1 つの解から多くの探索解が生成され，③の条件を満たしたときに解が更新される様子が見て取れる．

図 4.13 は探索回数と温度が解の精度に及ぼす影響を等高線で示したものである．温度が高すぎても，低すぎても，探索効率は急激に低下することがわかる．このように，SA 法では，温度 T の設定が探索効率を大きく左右することになるので，注意が必要である．

この数値例では，SA 法によって最適な巡回路が求められた．図 4.14 は求められた最適な巡回路を示している．

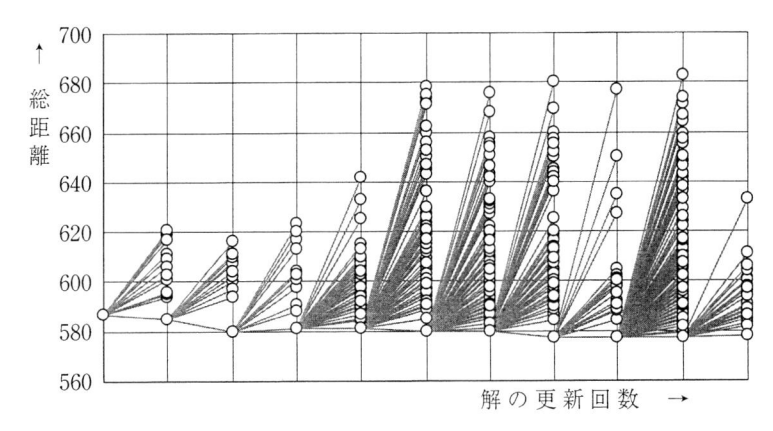

4.3 組合せ最適化問題とランダム探索の適用例

図 4.12 逆位を用いた SA 法における解の更新過程

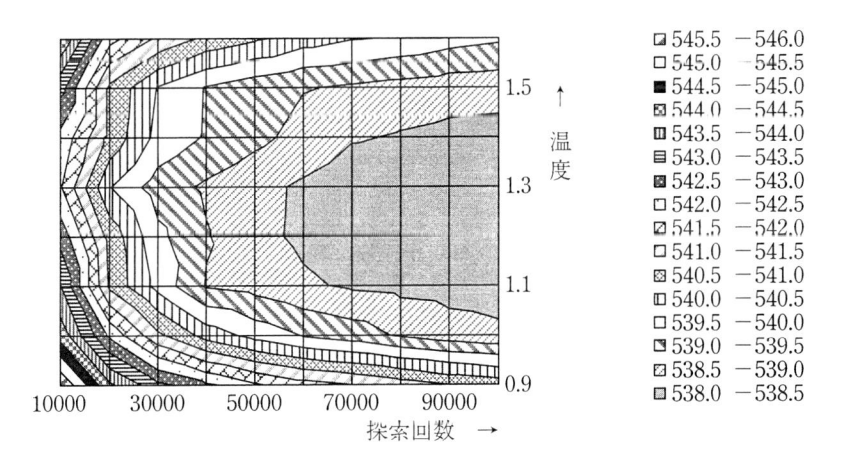

図 4.13 SA 法における探索回数と温度が解の精度に及ぼす影響

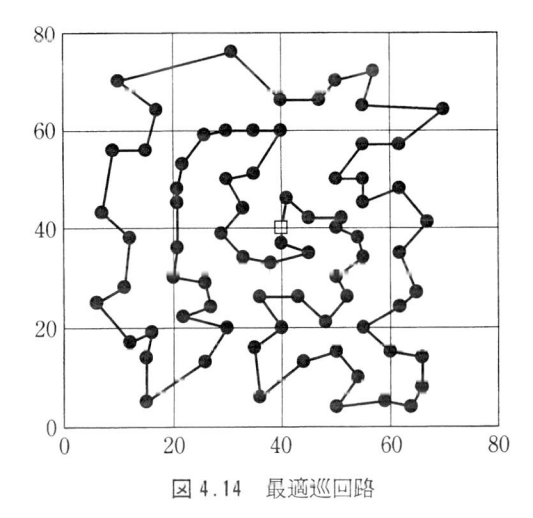

図 4.14 最適巡回路

128　　　第4章　シミュレーション結果の評価と最適化

例題 4.3.1　表 4.14 に示す顧客の座標データに対し，表 4.16 の交換を利用したランダム探索シートで 1000 回の探索を実行したときの最良解を求めよ．

例　セル R1003 に式 MIN（R2：R1002）を入れると，1000 個の探索点の経路距離の中から最小値を見つけてくれる．最良解は次の巡回路 x であり，その経路距離は 36 である．

$$x=[0,7,9,1,6,2,8,4,3,5,0]$$

得られた経路は図 4.15 に示されている．なお，この最良解は巡回路が交差しており，明らかに最適解ではないことがわかる．探索回数を増やせば解が改善される可能性は高まるが，ランダム探索では最適解であることを保証することはできない[7]．

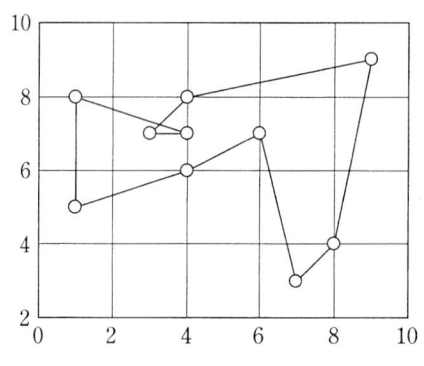

図 4.15　得られた最良解の巡回路

文　　献

[1]　TSPLIB：
http://www.iwr.uni-heidlberg.de/groups/comopt/software/TSPLIB 95/
[2]　Ishigaki, A., Hirkawa, Y.：Modified Simulated Annealing for solving Combinatorial Optimization Problems，*Proceedings of the 16th International Conference on Production Research*, ICPR-16 CD（2001）．
[3]　山本芳嗣，久保幹雄："巡回セールスマン問題への招待"，朝倉書店（1997）．
[4]　平川保博："オペレーションズ・マネジメント"，森北出版（2000）．

4.4　シミュレーションによる最適化の応用例

　線形計画法や整数計画法などに代表される一般の数理計画問題ではすべてのパラメータが定数で与えられるため，決定変数の組合せに対する目的関数値の計算は一意になされる．たとえば，巡回セールスマン問題（前節参照）では，都市の巡回順序（決定変数）に対して一意に巡回経路長（目的関数値）が定まる．しかしながら，パラメータが確率変数となると決定変数の組合せに対して一意に目的関数値を定めることはできない．ここではそのような問題の一例として生産システムの設計問題（文献[1]）を取り上げ，目的関数値の計算にシミュレーション

---
[7] 参考：F9 キーを押すと再計算が行われることから，セル R1003 の値が変わるのを見て取れる．よって，根気良く F9 キーを押せば，より良い解を発見できる可能性がある．

を利用して最適化を行う方法を説明する．この最適化問題では，注文の到着間隔と加工時間を確率変数として捉えて，生産リードタイムを最小化するバッファスペース配分と職場レイアウトを求めることが目的である．

4.4.1 はじめに

生産システムにおける注文の到着間隔や加工時間，機械の故障というような何らかの「ばらつき」は，ブロッキング（行き先のバッファスペースに空きがなく仕掛品の移動ができない状態）やスタービング（加工すべき部品が届いていないため加工が開始できない状態）という生産効率を低下させる現象を引き起こす．生産効率向上のためにはブロッキングやスタービングの機会の減少が必須であり，その有力な対処方法の1つとして各機械の前にバッファスペースを設置することが挙げられる．現実には敷地や建屋面積の制約からバッファスペースを無限に設置することはできないので，バッファスペースの総量が与えられたもとで生産効率を最大化するようなバッファスペース配分を求める必要がある．特に，比較的大きなサイズの仕掛品を扱うシステムで，バッファスペースの物理的サイズが機械自身の大きさに対して無視できない場合は，ある機械の前へのバッファスペースの設置が職場（機械＋バッファスペース）の面積，ひいては職場間距離を増大させ，職場配置，バッファスペース配分が生産効率に複雑な形で影響を及ぼすことになる（詳しくは文献[2]，[3]などを参照せよ）．

4.4.2 問題設定

a. モデルの概要 N 台の機械からなるジョブショップ型の生産システムを考える（図 4.16 参照）．加工機械 i とそのバッファスペースを合わせたものを職場 i とする．原材料または注文は外部から入力職場に到着し，製品ごとに定まった順番でいくつかの機械で加工されて完成品となって出力職場からシステムの外部へ退去する．原材料または注文の到着間隔（平均：$1/\lambda$）および職場 i での部品の加工時間（平均：$1/\mu_i$）は指数分布に従い部品ごとに変動する．職場間の部品の搬送は搬送速度 v の M 台の搬送車で行われ，各職場の搬出入口間の直交距離に比例した搬送時間を要するとする．N 台の機械の配置を表すベクトルを $\mathbf{L}$，機械 i の前に設けられたバッファスペースを B_i で表し，その配分ベクトル

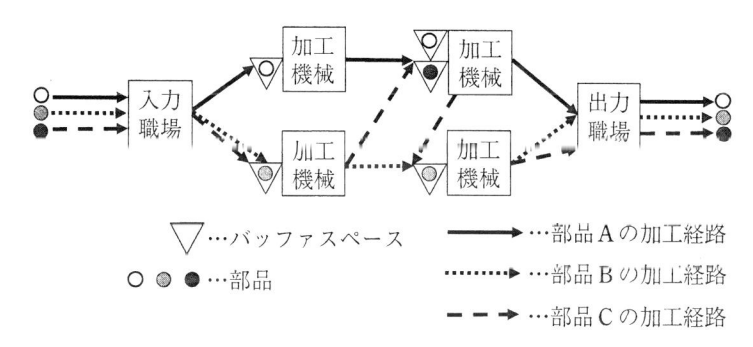

図 4.16 モデル概要のイメージ図（$N=6$，$B_{\text{total}}=5$）

を $\mathbf{B}=(B_1, B_2, \cdots, B_N)$，総バッファスペースを B_{total} とする．ここで，バッファスペースが B_i であるとは，そのバッファスペースに B_i 単位分までの部品を置くことができることを意味する．バッファスペースの面積が比較的大きく無視できない場合，職場の面積 A_i は機械が必要とする最低の面積 a_i にバッファスペースの面積 $B_i u$（u：バッファスペースの単位面積）を加えたもの（$A_i = a_i + B_i u$）となる．したがって，職場 i, j 間の距離 $d_{ij}(\mathbf{L}, \mathbf{B})$ は $\mathbf{L}$ と $\mathbf{B}$ の関数となる．

b. 定式化 生産リードタイム $LT(\mathbf{L}, \mathbf{B})$ の最小化を目的関数に選び，職場配置の実行可能解集合 L，総バッファスペース B_{total} が与えられたもとでの職場配置-バッファスペース配分問題は以下のように定式化される．ここで生産リードタイムとは原材料または注文が入力職場に到着してから完成品として出力職場から退去するまでの時間である．

$$\min_{(\mathbf{L}, \mathbf{B})} LT(\mathbf{L}, \mathbf{B})$$

subject to

$$\mathbf{L} \in L$$

$$\sum_{i=1}^{N} B_i = B_{\text{total}}$$

$$B_i \in \{0, 1, 2, \cdots, B_{\text{total}}\}$$

4.4.3 解法

a. 解表現 本問題における解 $(\mathbf{L}, \mathbf{B})$ は次の LM，CM および BV から構成される（図 4.17 参照）．

- LM (location matrix)： r 行 c 列の行列によって加工機械の相対的位置関係を表す．LM の要素 0 はダミー職場を示しており，面積も物流も持たずに実際のレイアウトには現れない．
- CM (cut matrix)： $r-1$ 行 $c-1$ 列の 0-1 行列である．この行列の各要素は，カットラインどうしの各交点で縦のカットラインが通っていれば 1，横のカットラインが通っていれば 0 とし，CM とカットラインとの対応例は図 4.17，4.18 のようになる．
- BV (buffer vector)： バッファスペースの各職場への配分数を示す整数ベクトルである．

これら 3 つの要素（LM，CM，BV）を組み合わせたものを 1 つの解とする．

$$\begin{matrix} 1 & 2 & 3 & 0 \\ 5 & 6 & 0 & 4 \\ 7 & 8 & 9 & 10 \end{matrix} \quad + \quad \begin{matrix} 1 & 1 & 1 \\ 1 & 0 & 0 \end{matrix} \quad + \quad (0,2,0,1,1,0,1,1,0,1)$$

Location Matrix　　Cut Matrix　　Buffer Vector
　　　LM　　　　　　　CM　　　　　　　BV

図 4.17　LM，CM および BV の例

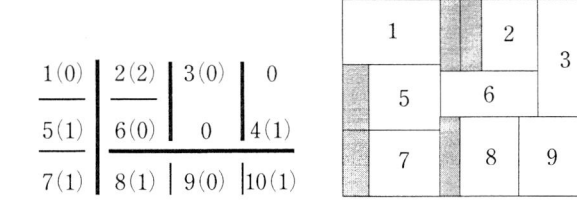

```
1(0) | 2(2) | 3(0) | 0
5(1) | 6(0) | 0    | 4(1)
7(1) | 8(1) | 9(0) | 10(1)
```

図 4.18 LM, CM, BV の組み合わせとこれに対応したレイアウト
網かけ部分がバッファスペースを示している.

対応例を図 4.17 に示す.

図 4.18 において各要素の左側の数値は加工機械の番号, ( ) 内の数値は各機械に配分されたバッファスペースの数を表す. 各職場の面積は加工機械設置に要するスペースとバッファスペースの和とし, この組み合わせを1つの職場と見なす. レイアウト表現の詳細については文献[4]を参照していただきたい.

● b. **最適化の流れ**　最適化手法としては, メタヒューリスティクスの1つであるシミュレーテッドアニーリング法 (simulated annealing method ; SA) を用いた. SA の詳細については本書 4.2 節および文献[6]などを参照せよ. この SA を利用した最適化手法全体の流れは図 4.19 の通りである.

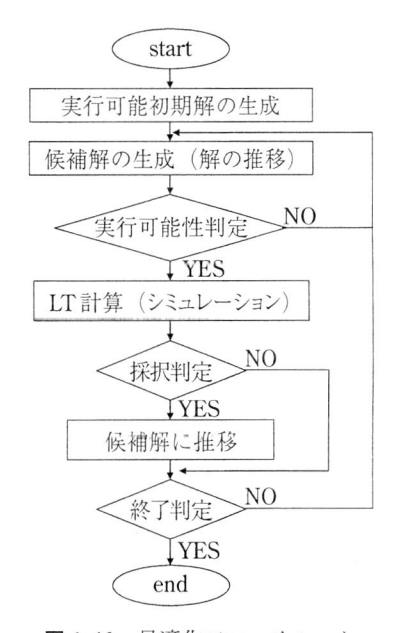

図 4.19 最適化フローチャート

はじめに, 実行可能な初期解 (L_0, B_0) を生成し, その解を少しだけ変更した候補解 (L', B') を生成する. このときに用いる解の推移方法としては以下の3つから1つをランダムに選択して行う.

① LM の2要素変更
② CM の1要素変更
③ BV の1要素変更

このとき, 各職場のアスペクト比 (縦横比) をチェックして実行可能性の判定を行う. これは極端に細長い職場には加工機械を設置できないのでそのような解を防止するためである.

目的関数である生産リードタイム $LT(L, B)$ の計算にはシミュレーションを用いる (モデルや計算方法の詳細は次の項を参照). このシミュレーションによって候補解 (L', B') の目的関数値 $LT(L', B')$ を定め, 候補解の採択判定を行う. すなわち, 現在の解 (L, B) よりも候補解 (L', B') の方が改善されていれば必ず採択し, もしも改悪されている場合でも次の確率 $P(\Delta LT)$ —

$\exp(-\Delta LT/t)$ で採択する．ただし，t は SA の温度パラメータ，$\Delta LT = LT(L,B) - LT(L',B')$ である．

4.4.4 シミュレーションモデル

a. 概　要　この生産システムにおける物の流れは図 4.20 のようになり，以下に示す 4 種類のイベントが存在する．

① 部品到着：部品は入力職場に到着するものとし，部品が到着した時点で系内部品数が 1 増加する．

② 搬送（開始／完了）：職場間の部品搬送には搬送車を用いる．搬送車の運用ルールの詳細は以下に示す．

③ 加工（開始／完了）：部品は到着順に加工職場で加工を受け，加工を終えた時点で搬送車を呼ぶ．部品は機械上で搬送車の到着を待つものとする．

④ 製品完成：出力職場で加工完了した部品は完成品となり，生産システムから退去する．完成した時点で系内部品数が 1 減少する．

b. 搬送車の運用ルール

- 搬送車の故障はないものとする．
- 搬送車に積載できる部品数は 1 つとする．
- 職場 i, j 間の搬送時間 t_{ij} は次式により求める；　　$t_{ij} = d_{ij}(\mathbf{L}, \mathbf{B})/v$
- 搬送形態としては，加工完了した部品を取りに行く空搬送と部品を積載して次の目的地に搬送する実搬送の 2 種類がある．
- 非稼動の搬送車に対して搬送要求を行う（非稼動の搬送車がない場合には搬送待ちの状態とする）．
- 要求された搬送車が目的の職場に到着したら，その職場で加工を終えて機械上に停滞している部品を積み，その部品の次の加工を行う職場へ実搬送する．
- 実搬送車が到着したら部品を職場に下ろす．このとき，バッファスペースに空きがない場合は実搬送車をその職場前で停滞させ，空きが生じたら下ろすものとする．

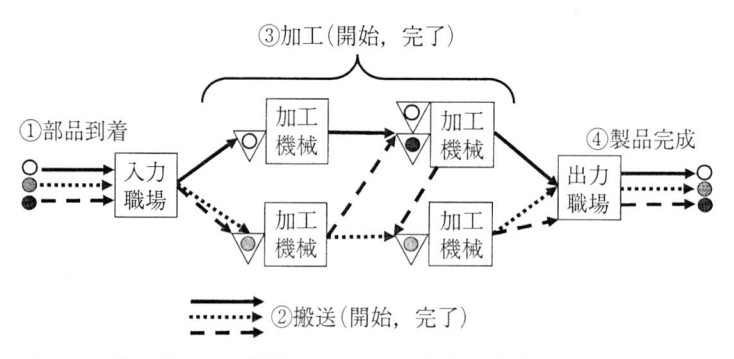

図 4.20　物の流れと 4 種類のイベント（矢印の意味は図 4.16 の通り）

- 実搬送を終えた搬送車は，次の搬送要求を受けるまでその職場で停滞する．

● c. **リードタイムの計算方法** 入力職場に原材料もしくは注文が到着しシステム内であらかじめ決められた加工工程をたどった後，完成品となりシステムを退去する．時刻 t においてシステム内に滞在している部品数を $I(t)$，区間の間 $(0,t]$ にシステムに到着した注文数を $A(0,t]$，$(0,t]$ の間にすべての加工工程を終えてシステムを退去した製品数を $D(0,t]$ とすると，次式が成り立つ．

$$I(t) = I(0) + A(0,t] - D(0,t]$$

一般に平均系内（システム内）部品数と平均生産時間の間には，3.1節でもふれたリトルの公式（文献[5]）が成り立つ．

客の到着率を注文の到着率，平均系内客数を平均系内部品数，平均滞在時間を平均リードタイム（LT）と見なすことができ，リトルの公式を適用して次式のように LT を求めることができる．

$$LT(\mathbf{L}, \mathbf{B}) = \frac{\lim_{T \to \infty} \frac{1}{T} \int_0^T I(t)\,dt}{\lambda}$$

リードタイム $LT(\mathbf{L},\mathbf{B})$ の厳密な値（$T \to \infty$）を求めることは困難であるため，シミュレーションでは，この極限を十分大きい値（T）で打ち切ることにより近似値を求める．打ち切る値は予備実験で求める．

4.4.5 数値例

● a. **入力情報** 職場数 $N=30$，搬送車台数 $M=4$，搬送速度 $v=2$，バッファスペースの単位面積 $u=5$，職場の許容アスペクト比 $r^{\max}=4$，建屋のアスペクト比 $R^{\max}=1.2$，職場 i の平均サービス率 $\mu_i=0.05$，生産システムへの注文の到着率 $\lambda=0.025$，加工機械 i の設置に必要な面積 a_i を表 4.17 のように設定する．また，製品ごとの加工経路は図 4.21 に示す通りである．

表 4.17 加工機械 i の設置に必要な面積 a_i

dept(i)	1	2	3	4	5	6	7	8	9	10	11	12	13	14	15
a_i	6	5	4	5	4	6	7	6	5	6	6	5	4	5	4
	16	17	18	19	20	21	22	23	24	25	26	27	28	29	30
	6	5	4	5	4	6	7	6	5	6	6	5	4	5	4

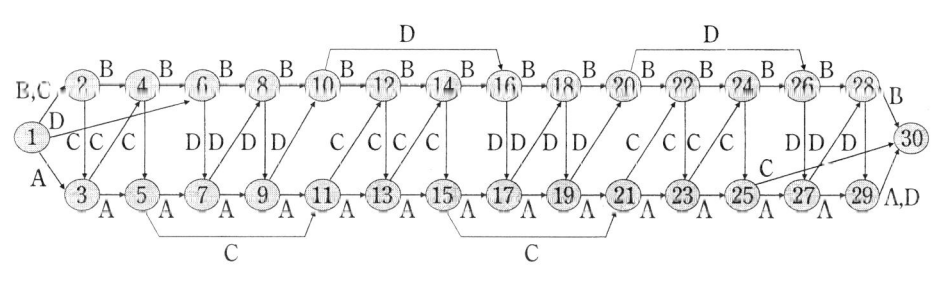

図 4.21 製品種類（A，B，C および D）ごとの加工経路

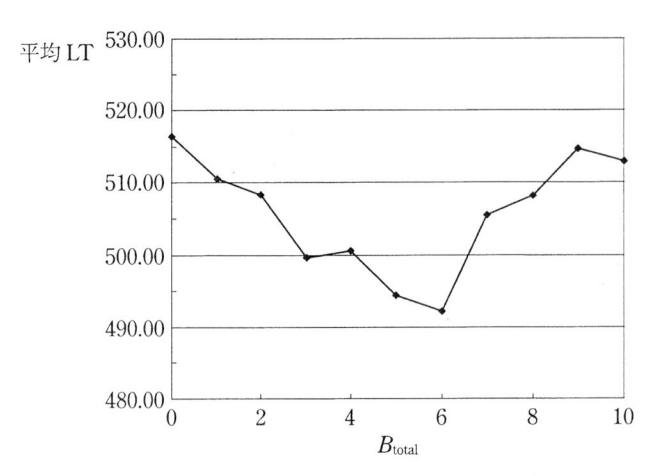

図4.22 総バッファスペース数とLTとの関係

● b. **実験結果** 総バッファスペース数 B_total を0から10まで変化させて実験を行ったところ，以下の結果が得られた．

図4.22は総バッファスペース数 B_total とLTとの関係を表したグラフである．単純に B_total を増やすことがLTの短縮にはつながらず，B_total を増やしすぎると逆効果であることがわかる．

次にLTを構成する要素ごとに B_total が及ぼす影響を調べる．LT構成要素のうち，加工時間はバッファ数によらず一定値のため，ここでは搬送時間，ブロッキング時間，搬送車待ち時間，そして在庫保管時間の変化のようすを図4.23に示す．

総バッファスペース B_total の増加に伴いブロッキング時間は減少していくが，逆に搬送時間が増加している．これはバッファスペースの増加はブロッキングの減少には正の効果を発揮するが，負の影響として職場面積増加を招き職場間距離が長くなってしまうため，B_total が増えるにつれ搬送時間が増加してしまうと考

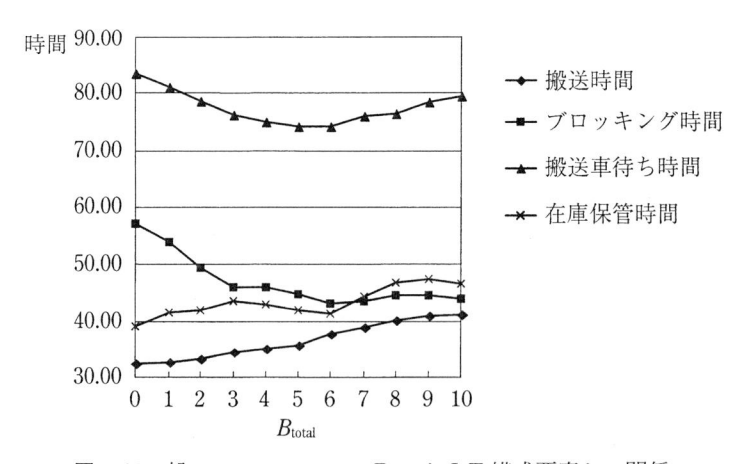

図4.23 総バッファスペース B_total とLT構成要素との関係

えられる．

一方，搬送車待ち時間には正負両者の影響が現れている．すなわち，$B_{total}=6$ ぐらいまでは，ブロッキングの減少に伴いブロッキングで停止している搬送車の割合が減少するので，搬送車待ち時間が減少する．しかしながら $B_{total}>6$ となると，職場間距離が広がることにより実搬送時間と同様に空搬送時間も増加してしまう．

最後に，最小の目的関数値を示す総バッファスペース $B_{total}=6$ の最良解（レイアウトおよびバッファスペース配分）を図 4.24 に示す．

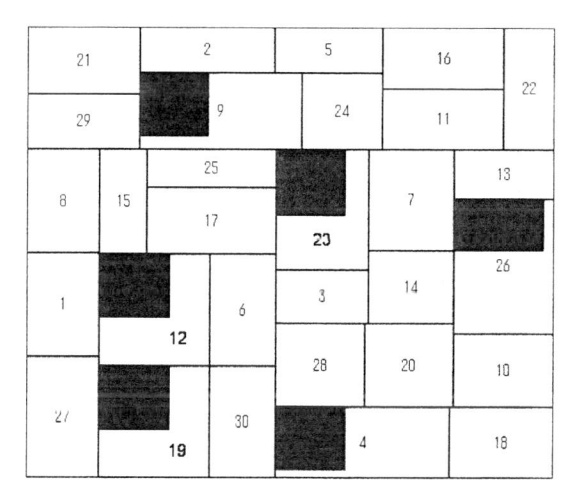

図 4.24 最良レイアウト（$B_{total}=6$）

非常に興味深いことに，バッファスペースが配分されている 6 つの職場（＝4, 9, 12, 19, 23, 26）を図 4.20 に示した加工経路上で確認すると，次のことがわかる．

- 製品 A の経路上にある職場＝9, 19, 23
- 製品 B の経路上にある職場＝4, 12, 26
- 製品 C の経路上にある職場＝4, 12, 23
- 製品 D の経路上にある職場＝9, 19, 26

つまり，A，B，C そして D のどの製品の加工経路上にもバッファスペースがちょうど 3 箇所ずつ均等に配分されている．これは $B_{total}=6$ のバッファスペースが一部の製品に集中的に利用されると，バッファスペースが配分されない製品でブロッキングやスタービングが頻発し生産システム全体として生産効率が下がってしまうため，すべての製品に均等に過不足なくバッファスペースが利用される案が最良になったものと考えられる．

ここでは，目的関数値の計算にシミュレーションを利用して最適化を行うような問題の一例として，生産リードタイムを最小化する職場レイアウトおよびバッ

ファスペースの配分を求める問題を紹介した．この問題は実行可能なレイアウト案やバッファスペース配分案が多数存在する大規模組合せ最適化問題である．したがって，試行錯誤により少数の代替案をあらかじめ列挙しておき，それらに対してシミュレーションを行い評価値の優劣を比較する方法では効率的に良い結果を得るのが難しい．このような問題に対してはここで紹介したように，与えられた問題に対する解表現を定め，それぞれの解に対する評価値をシミュレーションによって求める．そして，その評価値をもとにしてシミュレーテッドアニーリングなどのメタヒューリスティクスと呼ばれる最適化手法により解の推移を繰り返していく方法で効率的に近似解を探索することができる．

このアプローチで注意すべき点は，目的関数値を計算するためのシミュレーションをどの程度行うかということを慎重に定めなければならないということである．本問題のような大規模組合せ最適化問題になるとかなり多くの候補解を探索しなければならないが，1つの候補解に対するシミュレーション時間が長くなると所与の時間内に探索できる候補解の数が限られてしまう．しかしながら，シミュレーション時間が短すぎて候補解の見積精度が下がってしまうと，最適化すること自身に意味がなくなってしまう．両者のバランスを考えてシミュレーション時間を決める必要がある．

文　献

[1] 堀田卓志，伊呂原隆，藤井　進，山下英明：AGV 台数の設定を考慮した確率的職場配置問題に関する研究，第 49 回自動制御連合講演会（2006）．

[2] Irohara, T., Ishizuka, Y., Yamashita, H.: The Stochastic Facility Layout Problems in Production Systems with Variable Processing Times, *Journal of Japan Industrial Management Association*, **55**(6): 350-359 (2005).

[3] 石塚　陽，伊呂原隆，山下英明：確率的職場配置問題，日本経営工学会論文誌，**53**(5): 363-367 (2002)．

[4] 山田拓也，伊呂原隆：混合整数計画法と SA 法を用いた詳細レイアウト設計技法の提案，日本経営工学会論文誌，**57**(1): 39-50 (2006)．

[5] Little, J. D. C.: A Proof for the Queuing Formula: $L = \lambda W$, *Operations Research*, **9**(3): 383-387 (1961).

[6] 柳浦睦憲，茨木俊秀："組合せ最適化—メタ戦略を中心として—"，朝倉書店（2001）．

索　引

あ行

当たり外れ法　24
安全在庫水準　73

1次遅れ　68
一様整数乱数　18
一様乱数　12, 13, 15, 71
移動距離　125
イベントシミュレーション
　　8, 79, 87, 96
イベントモデル　86
陰（的）解法　52
因果ループ図　61

エシェロン在庫　91
エシェロン有効在庫　91
(s, S)発注方式　75
SN比　116
SA法（シミュレーティッドアニーリング法）
　　120, 126, 131
$M/M/1(\infty)$モデル　82
$M(\lambda)/M(\mu)/1$待ち行列システム　97

オイラー法　31
応答曲面　114
遅れ　66
遅れkの自己相関　21

か行

回帰分析　118
外生変数　3
Gauss-Seidel法　55
確定的モデル　3

確率的モデル　3
可変時間増加法　8
かんばん制御　97
かんばん方式　96
かんばん枚数　97
Γ乱数　20

幾何乱数　22
棄却法　17
擬似乱数　12
逆位　123
逆関数法　75
境界値問題　43
共有保管政策　99
近似解法の幾何学的意味　33
近似精度　34
近似度　34
近傍解　120

区間推定　106
駆動周波数　115
組合せ最適化問題　122
Crank-Nicolson法　52

ケンドールの記号　82

高階常微分方程式　38
交換　123
項指示周波数　115
後退オイラー法（後方オイラー法）　35
後退差分近似　40
交絡　116
固定時間増加法　7
コレログラム　21
混合合同法　13

さ行

在庫シミュレーション　70, 86
最短経路　126
最適化　113
最適化シミュレーション　91
差分法　29
差分方程式　29
3次遅れ　68

ジェネティックアルゴリズム　120
シグナル実行　115
自己回帰型　21
自己回帰型時系列モデル　71
自己相関　21
事象管理アルゴリズム　9
事象リスト　9
指数分布　87
指数平滑法　72
指数乱数　15
システムダイナミックス　60
シフト　123
時分割　70
シミュレーション　1
シミュレーション結果の評価　104
シミュレーティッドアニーリング法（SA法）
　　120, 126, 131
周期　14
修正オイラー法（中点法）　35
周波数領域法　115
巡回セールスマン問題　122
巡回路　125
条件停止のシミュレーション　111

索　引

条件変数　3
乗算合同法　13
状態変数　3
常微分方程式　30, 38
初期値問題　30
信頼区間　106

数値積分　23
ストック　61

制御変数　3
正規乱数　15, 19
生産システムシミュレーション　96
静的モデル　2
正のループ　62
セービング法　126
線形合同法（レーマー法）　13
前進差分近似　49
占有保管政策　99

相互相関　20
倉庫保管政策　99

た 行

タイムスライスシミュレーション　7
タイムスライスモデル　70
「多次元の呪い」　26
タブーサーチ　120

中心差分近似　49
中点法（修正オイラー法）　35

定期発注方式　72
定常状態のシミュレーション　111
定量発注方式　88, 91
点推定　104

到着イベント　89
到着時間間隔　87

動的モデル　2

な 行

内生変数　3

二項乱数　17, 19
2次遅れ　68
2段階サプライチェーン　91
2段階直列型生産システム　96

ノイズ実行　116
納入イベント　89
納入リードタイム　88, 91

は 行

π の推定　25
パイプライン遅れ　68
発注間隔　73
発注システムシミュレーション　72, 88

髭の長さ　14
微分方程式　29
標本標準偏差　105
標本分散　105
標本平均　105
標本平均法　24
ピリオドグラム　116

フィードバックシステム　62
物理乱数　12
負のループ　62
フロー　61
分布関数の逆関数法　15

平均到着率　87
平衡方程式　85
ベルヌーイ試行　17
変数　3
偏微分方程式　48

ポアソン過程　87
ポアソン到着　87
ポアソン乱数　19, 22, 75
方程式　64
捕食者・被食者システム　63
補助変数　64

ま 行

待ち行列システム　96
待ち行列モデル　79
待ち行列理論　82

メタヒューリスティクス　120

目的変数　3
モデル　2
モンテカルロシミュレーション　11, 23

や 行

有効在庫　89
ユークリッド距離　126

陽（的）解法　50

ら 行

乱数　11
乱数表　12
ランダム探索　122

離散型シミュレーション　8

ルンゲ・クッタ法　36

レート　60
レベル　60
レーマー法（線形合同法）　13
連続型シミュレーション　7
連立1階常微分方程式　38
連立方程式の反復解法　55

著者略歴

高橋勝彦（たかはし・かつひこ）

- 1958年　広島県に生まれる
- 1988年　早稲田大学大学院理工学研究科博士後期課程単位取得
- 現　在　広島大学大学院工学研究院電気電子システム数理部門 教授 工学博士

〔2.1～2.3節担当〕

伊呂原　隆（いろはら・たかし）

- 1970年　埼玉県に生まれる
- 1998年　早稲田大学大学院理工学研究科博士後期課程修了
- 現　在　上智大学理工学部情報理工学科 教授 博士（工学）

〔3.1節, 4.1節, 4.4節担当〕

関　庸一（せき・よういち）

- 1960年　神奈川県に生まれる
- 1987年　早稲田大学大学院理工学研究科博士後期課程単位取得
- 現　在　群馬大学理工学研究院電子情報部門・電子情報理工学科 教授 工学博士

〔第1章担当〕

平川保博（ひらかわ・やすひろ）

- 1947年　愛知県に生まれる
- 1978年　早稲田大学大学院理工学研究科博士後期課程単位取得
- 現　在　東京理科大学理工学部経営工学科 教授 工学博士

〔2.5節, 3.2～3.3節, 4.3節担当〕

森川克己（もりかわ・かつみ）

- 1962年　広島県に生まれる
- 1987年　広島大学大学院工学研究科博士課程前期修了
- 現　在　広島大学大学院工学研究院電気電子システム数理部門 准教授 博士（工学）

〔2.4節, 4.2節担当〕

電気・電子工学テキストシリーズ 4
シミュレーション工学

定価はカバーに表示

2007年9月15日　初版第1刷
2017年6月25日　　第3刷

著　者	高　橋　勝　彦
	伊　呂　原　　　隆
	関　　　庸　一
	平　川　保　博
	森　川　克　己
発行者	朝　倉　誠　造
発行所	株式会社　朝倉書店

東京都新宿区新小川町6-29
郵便番号　162-8707
電　話　03(3260)0141
FAX　03(3260)0180
http://www.asakura.co.jp

〈検印省略〉

© 2007〈無断複写・転載を禁ず〉　　新日本印刷・渡辺製本

ISBN978 4-254-22834-2　C3354　　Printed in Japan

JCOPY 〈(社)出版者著作権管理機構 委託出版物〉

本書の無断複写は著作権法上での例外を除き禁じられています．複写される場合はそのつど事前に，(社)出版者著作権管理機構（電話 03-3513-6969, FAX 03-3513-6979, e-mail: info@jcopy.or.jp）の許諾を得てください．

好評の事典・辞典・ハンドブック

物理データ事典	日本物理学会 編	B5判 600頁
現代物理学ハンドブック	鈴木増雄ほか 訳	A5判 448頁
物理学大事典	鈴木増雄ほか 編	B5判 896頁
統計物理学ハンドブック	鈴木増雄ほか 訳	A5判 608頁
素粒子物理学ハンドブック	山田作衛ほか 編	A5判 688頁
超伝導ハンドブック	福山秀敏ほか 編	A5判 328頁
化学測定の事典	梅澤喜夫 編	A5判 352頁
炭素の事典	伊与田正彦ほか 編	A5判 660頁
元素大百科事典	渡辺 正 監訳	B5判 712頁
ガラスの百科事典	作花済夫ほか 編	A5判 696頁
セラミックスの事典	山村 博ほか 監修	A5判 496頁
高分子分析ハンドブック	高分子分析研究懇談会 編	B5判 1268頁
エネルギーの事典	日本エネルギー学会 編	B5判 768頁
モータの事典	曽根 悟ほか 編	B5判 520頁
電子物性・材料の事典	森泉豊栄ほか 編	A5判 696頁
電子材料ハンドブック	木村忠正ほか 編	B5判 1012頁
計算力学ハンドブック	矢川元基ほか 編	B5判 680頁
コンクリート工学ハンドブック	小柳 洽ほか 編	B5判 1536頁
測量工学ハンドブック	村井俊治 編	B5判 544頁
建築設備ハンドブック	紀谷文樹ほか 編	B5判 948頁
建築大百科事典	長澤 泰ほか 編	B5判 720頁

価格・概要等は小社ホームページをご覧ください.